建筑施工特种作业人员安全技术考核培训教材

物料提升机司机

住房和城乡建设部工程质量安全监管司　组织编写

中国建筑工业出版社

图书在版编目（CIP）数据

物料提升机司机／住房和城乡建设部工程质量安全监管司组织编写．—北京：中国建筑工业出版社，2009
建筑施工特种作业人员安全技术考核培训教材
ISBN 978-7-112-11280-7

Ⅰ．物… Ⅱ．住… Ⅲ．建筑材料-提升车-安全技术-技术培训-教材 Ⅳ．TH241.08

中国版本图书馆 CIP 数据核字（2009）第 167086 号

建筑施工特种作业人员安全技术考核培训教材
物料提升机司机

住房和城乡建设部工程质量安全监管司　组织编写

＊

中国建筑工业出版社出版、发行（北京西郊百万庄）
各地新华书店、建筑书店经销
北京红光制版公司制版
北京建筑工业印刷厂印刷

＊

开本：850×1168 毫米　1/32　印张：6⅜ 字数：185 千字
2009 年 12 月第一版　2019 年 7 月第十次印刷
定价：**18.00** 元
ISBN 978-7-112-11280-7
（18605）

版权所有　翻印必究
如有印装质量问题，可寄本社退换
（邮政编码 100037）

本书作为针对建筑施工特种作业人员之一物料提升机司机的培训教材，紧紧围绕《建筑施工特种作业人员管理规定》、《建筑施工特种作业人员安全技术考核大纲（试行）》、《建筑施工特种作业人员安全操作技能考核标准（试行）》等相关规定，对物料提升机司机必须掌握的安全技术知识和技能进行了讲解，全书共 6 章，包括：基础理论知识、起重吊装常用器具、物料提升机的构造和工作原理、安全装置与防护设施、物料提升机的使用与维护保养、物料提升机常见事故隐患与案例。本书针对物料提升机司机的特点，本着科学、实用、适用的原则，内容深入浅出，语言通俗易懂，形式图文并茂，系统性、权威性、可操作性强。

　　本书既可作为物料提升机司机的培训教材，也可作为物料提升机司机常备参考书和自学用书。

*　　*　　*

责任编辑：刘　江　范业庶
责任设计：赵明霞
责任校对：袁艳玲　梁珊珊

《建筑施工特种作业人员安全技术考核培训教材》编写委员会

主　任：吴慧娟

副主任：王树平

编写组成员：（以姓氏笔画排名）

王　乔	王　岷	王　宪	王天祥	王曰浩
王英姿	王钟玉	王维佳	邓　谦	邓丽华
白森懋	包世洪	邢桂侠	朱万康	刘　锦
庄幼敏	汤坤林	孙文力	孙锦强	毕承明
毕监航	严　训	李　印	李光晨	李建国
李绘新	杨　勇	杨友根	吴玉峰	吴成华
邱志青	余大伟	邹积军	汪洪星	宋回波
张英明	张嘉洁	陈兆铭	邵长利	周克家
胡其勇	施仁华	施雯钰	姜玉东	贾国瑜
高　明	高士兴	高新武	唐涵义	崔　林
崔玲玉	程　舒	程史扬		

前　言

建筑施工特种作业人员是指在房屋建筑和市政工程施工活动中，从事可能对本人、他人及周围设备设施的安全造成重大危害作业的人员。《建设工程安全生产管理条例》第二十五条规定："垂直运输机械作业人员、安装拆卸工、爆破作业人员、起重信号工、登高架设作业人员等特种作业人员，必须按照国家有关规定经过专门的安全作业培训，并取得特种作业操作资格证书后，方可上岗作业"，《安全生产许可证条例》第六条规定："特种作业人员经有关业务主管部门考核合格，取得特种作业操作资格证书"。

当前，建筑施工特种作业人员的培训考核工作还缺乏一套具有权威性、针对性和实用性的教材。为此，根据住房城乡建设部颁布的《建筑施工特种作业人员管理规定》和《建筑施工特种作业人员安全技术考核大纲（试行）》、《建筑施工特种作业人员安全操作技能考核标准（试行）》的有关要求，我们组织编写了《建筑施工特种作业人员安全技术考核培训教材》系列丛书，旨在进一步规范建筑施工特种作业人员安全技术培训考核工作，帮助广大建筑施工特种作业人员更好地理解和掌握建筑安全技术理论和实际操作安全技能，全面提高建筑施工特种作业人员的知识水平和实际操作能力。

本套丛书共12册，适用于建筑电工、建筑架子工、建筑起重司索信号工、建筑起重机械司机、建筑起重机械安装拆卸工和高处作业吊篮安装拆卸工等建筑施工特种作业人员安全技术考核培训。本套丛书针对建筑施工特种作业人员的特点，本着科学、实用、适用的原则，内容深入浅出，语言通俗易懂，形式图文并茂，可操作性强。

　　本教材的编写得到了山东省建筑工程管理局、上海市城乡建设和交通委员会、山东省建筑施工安全监督站、青岛市建筑施工安全监督站、潍坊市建筑工程管理局、滨州市建筑工程管理局、济南市工程质量与安全生产监督站、山东省建筑安全与设备管理协会、上海市建设安全协会、山东建筑科学研究院、上海市建工设计研究院有限公司、上海市建设机械检测中心、威海建设集团股份有限公司、上海市建工（集团）总公司、上海市机施教育培训中心、潍坊昌大建设集团有限公司、山东天元建设集团有限公司等单位的大力支持，在此表示感谢。

　　由于编写时间较为紧张，难免存在错误和不足之处，希望给予批评指正。

住房和城乡建设部工程质量安全监管司
二〇〇九年十一月

目 录

1 基础理论知识 …………………………………………… 1
　1.1 力学基本知识 ………………………………………… 1
　　1.1.1 力学基本概念 …………………………………… 1
　　1.1.2 重心和吊点位置的选择 ………………………… 3
　　1.1.3 物体重量的计算 ………………………………… 6
　1.2 电工学基础 …………………………………………… 11
　　1.2.1 基本概念 ………………………………………… 11
　　1.2.2 三相异步电动机 ………………………………… 16
　　1.2.3 低压电器 ………………………………………… 20
　1.3 机械基础知识 ………………………………………… 24
　　1.3.1 机械基础概述 …………………………………… 24
　　1.3.2 机械传动 ………………………………………… 27
　　1.3.3 轴系零部件 ……………………………………… 40
　　1.3.4 螺栓连接和销连接 ……………………………… 49
　1.4 钢结构基础知识 ……………………………………… 51
　　1.4.1 钢结构的特点 …………………………………… 51
　　1.4.2 钢结构的材料 …………………………………… 51
　　1.4.3 钢结构的连接 …………………………………… 56
　　1.4.4 桁架结构 ………………………………………… 59

2 起重吊装常用器具 ……………………………………… 61
　2.1 钢丝绳 ………………………………………………… 61

  2.1.1　钢丝绳分类与标记 …………………………………… 61
  2.1.2　钢丝绳的计算与选用 ………………………………… 65
  2.1.3　钢丝绳的固定与连接 ………………………………… 69
  2.1.4　钢丝绳的使用要求 …………………………………… 71
  2.1.5　钢丝绳的检验检查 …………………………………… 72
  2.1.6　钢丝绳的报废 ………………………………………… 75
 2.2　吊钩 ……………………………………………………………… 83
  2.2.1　吊钩的分类 …………………………………………… 84
  2.2.2　吊钩安全技术要求 …………………………………… 84
  2.2.3　吊钩的报废 …………………………………………… 86
 2.3　卸扣 ……………………………………………………………… 86
  2.3.1　卸扣的分类 …………………………………………… 87
  2.3.2　卸扣使用注意事项 …………………………………… 88
 2.4　滑车和滑车组 …………………………………………………… 89
  2.4.1　滑车 …………………………………………………… 89
  2.4.2　滑车组 ………………………………………………… 90
  2.4.3　滑车及滑车组使用注意事项 ………………………… 92
 2.5　螺旋扣 …………………………………………………………… 92
 2.6　卷扬机 …………………………………………………………… 93
  2.6.1　卷扬机构造和分类 …………………………………… 93
  2.6.2　常用的基本参数 ……………………………………… 94
  2.6.3　卷筒 …………………………………………………… 95
  2.6.4　制动器 ………………………………………………… 96
  2.6.5　卷扬机的布置与固定 ………………………………… 97
  2.6.6　卷扬机使用注意事项 ………………………………… 99

3　物料提升机的构造和工作原理 …………………………………… 100
 3.1　物料提升机概述 ………………………………………………… 100

3.2 物料提升机的类型 ... 102
3.2.1 按架体结构分类 ... 102
3.2.2 按吊笼分类 ... 102
3.2.3 按提升高度分类 ... 104
3.3 物料提升机的组成 ... 104
3.3.1 钢结构件 ... 104
3.3.2 动力和传动机构 ... 107
3.3.3 电气系统 ... 113
3.3.4 安全装置与辅助部件 ... 115
3.4 物料提升机的工作原理 ... 115
3.4.1 电气控制工作原理 ... 116
3.4.2 牵引系统工作原理 ... 119
3.5 物料提升机的基础与稳固 ... 121
3.5.1 地基与承载力 ... 121
3.5.2 物料提升机基础 ... 122
3.5.3 预埋件和锚固件 ... 122
3.5.4 附墙架 ... 123
3.5.5 缆风绳 ... 125
3.5.6 地锚 ... 126

4 安全装置与防护设施 ... 128
4.1 安全装置 ... 128
4.1.1 安全停靠装置 ... 128
4.1.2 断绳保护装置 ... 131
4.1.3 限位限载装置 ... 135
4.1.4 信号和通信装置 ... 136
4.2 防护设施 ... 137
4.2.1 安全门与防护棚 ... 137

4.2.2 电气防护 ································· 138

5 物料提升机的使用与维护保养 ················· 139
5.1 物料提升机的调试和验收 ····················· 139
5.1.1 调试 ································· 139
5.1.2 自检 ································· 142
5.1.3 验收 ································· 146
5.2 物料提升机的使用 ··························· 148
5.2.1 物料提升机的使用管理制度 ············· 148
5.2.2 物料提升机的检查 ····················· 150
5.2.3 物料提升机安全操作规程 ··············· 152
5.2.4 物料提升机的操作 ····················· 155
5.3 物料提升机的维护保养 ······················· 156
5.3.1 维护保养的意义 ······················· 156
5.3.2 维护保养的内容 ······················· 157
5.3.3 维护保养的方法 ······················· 160
5.3.4 主要部件的维护保养 ··················· 161
5.4 物料提升机常见故障的判断与处置 ············· 168
5.4.1 物料提升机常见故障的判断和处置方法 ··· 168
5.4.2 物料提升机的维修 ····················· 171

6 物料提升机常见事故隐患与案例 ··············· 173
6.1 物料提升机常见事故隐患 ····················· 173
6.1.1 安装和拆卸常见事故隐患 ··············· 173
6.1.2 使用和管理常见事故隐患 ··············· 174
6.2 物料提升机事故案例 ························· 175
6.2.1 使用不合格物料提升机吊笼坠落事故 ····· 175
6.2.2 违章操作致使物料提升机吊笼坠落事故 ··· 176

  6.2.3 违章指挥致使物料提升机倾倒事故 …………………… 178

附录1 钢丝绳可能出现的缺陷的典型示例 ………………… 180

附录2 建筑起重机械司机（物料提升机）
   安全技术考核大纲（试行）………………………… 187

附录3 建筑起重机械司机（物料提升机）
   安全操作技能考核标准（试行）…………………… 189

参考文献 …………………………………………………………… 192

1 基础理论知识

1.1 力学基本知识

1.1.1 力学基本概念

(1) 力的概念

力是一个物体对另一个物体的作用，它包括了两个物体，一个叫受力物体，另一个叫施力物体，其效果是使物体的运动状态或形状发生变化。

力使物体运动状态发生变化的效应称为力的外效应，使物体产生变形的效应称为力的内效应。力是物体间的相互机械作用，力不能脱离物体而独立存在。

(2) 力的三要素

在力学中，把"力的大小、方向和作用点"称为力的三个要素。力的大小表明物体间作用力的强弱程度；力的方向表明在该力的作用下，静止的物体开始运动的方向，作用力的方向不同，物体运动的方向也不同；力的作用点是物体上直接受力作用的点。

如图 1-1 所示，用手拉伸弹簧，用的力越大，弹簧拉得越长，这表明力产生的效果跟力的大小有关系；用同样大小的力拉弹簧和压弹簧，拉的时候弹簧伸长、压的时候弹簧缩短，说明力的作用效果跟力的作用方向有关系。如图 1-2 所示,用扳手拧螺母,手握在扳手手柄的 A 点比 B 点省力,所以力的作用效果与力的方向和力的作用点有关。三要素中任何一个要素改变,都会使力的作用效果改变。

图 1-1　手拉弹簧　　　　图 1-2　用扳手拧螺母

(3) 力的单位

在国际计量单位制中,力的单位用牛顿或千牛顿,简写为牛(N)或千牛(kN)。工程上曾习惯采用公斤力、千克力(kgf)和吨力(tf)来表示。它们之间的换算关系为:

1 牛顿(N)＝0.102 公斤力(kgf)

1 吨力(tf)＝1000 公斤力(kgf)

1 千克力(kgf)＝1 公斤力(kgf)＝9.807 牛(N)≈10 牛(N)

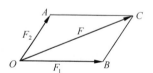

图 1-3　平行四边形法则

(4) 力的合成与分解

力是矢量,力的合成与分解都遵从平行四边形法则,如图 1-3 所示。

平行四边形法则实质上是一种等效替换的方法。一个矢量(合矢量)的作用效果和另外几个矢量(分矢量)共同作用的效果相同,就可以用这一个矢量代替那几个矢量,也可以用那几个矢量代替这一个矢量,而不改变原来的作用效果。

在分析同一个问题时,合矢量和分矢量不能同时使用。也就是说,在分析问题时,考虑了合矢量就不能再考虑分矢量;考虑了分矢量就不能再考虑合矢量。

(5) 力的平衡

作用在物体上几个力的合力为零,这种情形叫做力的平衡。

在起重吊装作业中,因力的不平衡可能造成被吊运物体的翻转、失控、倾覆,只有被吊运物体上的力保持平衡,才能保证物体处于静止或匀速运动状态,才能保持被吊物体稳定。

1.1.2 重心和吊点位置的选择

(1) 重心

重心是物体所受重力的合力的作用点,物体的重心位置由物体的几何形状和物体各部分的质量分布情况来决定。质量分布均匀、形状规则的物体的重心在其几何中点。物体的重心可能在物体的形体之内,也可能在物体的形体之外。

1) 物体的形状改变,其重心位置可能不变。如一个质量分布均匀的立方体,其重心位于几何中心。当该立方体变为一长方体后,其重心仍然在其几何中心;但当一杯水倒入一个弯曲的玻璃管中,其重心就发生了变化。

2) 物体的重心相对物体的位置是一定的,它不会随物体放置的位置改变而改变。

(2) 重心的确定

1) 材质均匀、形状规则的物体的重心位置容易确定,如均匀的直棒,它的重心在它的中心点上,均匀球体的重心就是它的球心,直圆柱的重心在它的圆柱轴线的中点上。

2) 对形状复杂的物体,可以用悬挂法求出它们的重心。如图 1-4 所示,方法是在物体上任意找一点 A,用绳子把它悬挂起来,物体的重力与绳子的拉力必定在同一条直线上,也就是重心必定在通过 A 点所作的竖直线 AD 上;再取任一点 B,同样把

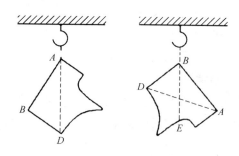

图 1-4 悬挂法求形状不规则物体的重心

物体悬挂起来,重心必定在通过 B 点的竖直线 BE。这两条直线的交点,就是该物体的重心。

(3) 吊点位置的选择

在起重作业中,应当根据被吊物体来选择吊点位置,吊点位置选择不当就会造成绳索受力不均,甚至发生被吊物体转动、倾翻的危险。吊点位置的选择,一般按下列原则进行:

1) 吊运各种设备、构件时要用原设计的吊耳或吊环。

2) 吊运各种设备、构件,如果没有吊耳或吊环,可在设备四个端点上捆绑吊索,然后根据设备具体情况,选择吊点,使吊点与重心在同一条垂线上。但有些设备未设吊耳或吊环,如各种罐类以及重要设备,往往有吊点标记,应仔细检查。

3) 吊运方形物体时,四根绳应拴在物体的四边对称点上。

4) 吊装细长物体时,如桩、钢筋、钢柱、钢梁等杆件,应按计算确定的吊点位置绑扎绳索,吊点位置的确定有以下几种情况:

①一个吊点:起吊点位置应设在距起吊端 0.3L(L 为物体的长度)处。如钢管长度为 10m,则捆绑位置应设在钢管起吊端距端部 10×0.3=3m 处,如图 1-5(a) 所示。

②两个吊点:如起吊用两个吊点,则两个吊点应分别距物体

图 1-5 吊点位置选择示意图
(a) 单个吊点；(b) 两个吊点；(c) 三个吊点；(d) 四个吊点

两端 0.21L 处。如果物体长度为 10m，则吊点位置为 $10×0.21=2.1$m，如图 1-5（b）所示。

③三个吊点：如物体较长，为减少起吊时物体所产生的应力，可采用三个吊点。三个吊点位置确定的方法是，首先用 0.13L 确定出两端的两个吊点位置，然后把两吊点间的距离等分，即得第三个吊点的位置，也就是中间吊点的位置。如杆件长 10m，则两端吊点位置为 $10×0.13=1.3$m，如图 1-5（c）所示。

④四个吊点：选择四个吊点，首先用 0.095L 确定出两端的两个吊点位置，然后再把两吊点间的距离进行三等分，即得中间两吊点位置。如杆件长 10m，则两端吊点位置分别距两端 $10×0.095=0.95$m，中间两吊点位置分别距两端 $10×0.095+10×(1-0.095×2)/3$，如图 1-5（d）所示。

1.1.3 物体重量的计算

质量表示物体所含物质的多少,是由物体的体积和材料密度所决定的;重量是表示物体所受地球引力的大小,是由物体的体积和材料的重度所决定的。为了正确的计算物体的重量,必须掌握物体体积的计算方法和各种材料密度等有关知识。

(1) 长度的量度

工程上常用的长度基本单位是毫米(mm)、厘米(cm)和米(m)。它们之间的换算关系是 1m=100cm=1000mm。

(2) 面积的计算

物体体积的大小与它本身截面积的大小成正比。各种规则几何图形的面积计算公式见表 1-1。

平面几何图形面积计算公式表 表 1-1

名称	图形	面积计算公式
正方形		$S=a^2$
长方形		$S=ab$
平行四边形		$S=ah$
三角形		$S=\dfrac{1}{2}ah$

续表

名称	图形	面积计算公式
梯形		$S = \dfrac{(a+b)h}{2}$
圆形		$S = \dfrac{\pi}{4}d^2$（或 $S = \pi R^2$） 式中　d——圆直径； 　　　R——圆半径
圆环形		$S = \dfrac{\pi}{4}(D^2 - d^2) = \pi(R^2 - r^2)$ 式中　d、D——内、外圆环直径； 　　　r、R——内、外圆环半径
扇形		$S = \dfrac{\pi R^2 \alpha}{360}$ 式中　α——圆心角（°）

（3）物体体积的计算

对于简单规则的几何形体的体积，可按表1-2中的计算公式计算。对于复杂的物体体积，可将其分解成数个规则的或近似的几何形体，求其体积的总和。

各种几何形体体积计算公式表　　　表1-2

名称	图 形	公　式
立方体		$V = a^3$
长方体		$V = abc$

续表

名称	图形	公式
圆柱体		$V = \dfrac{\pi}{4}\pi d^2 h = \pi R^2 h$ 式中 R——半径
空心圆柱体		$V = \dfrac{\pi}{4}(D^2 - d^2)h = \pi(R^2 - r^2)h$ 式中 r、R——内、外半径
斜截正圆柱体		$V = \dfrac{\pi}{4}d^2 \dfrac{(h_1 + h)}{2} = \pi R^2 \dfrac{(h_1 + h)}{2}$ 式中 R——半径
球 体		$V = \dfrac{4}{3}\pi R^3 = \dfrac{1}{6}\pi d^3$ 式中 R——底圆半径； d——底圆直径
圆锥体		$V = \dfrac{1}{12}\pi d^2 h = \dfrac{\pi}{3} R^2 h$ 式中 R——底圆半径； d——底圆直径
任意三棱体		$V = \dfrac{1}{2}bhl$ 式中 b——边长； h——高； l——三棱体长

续表

名称	图形	公式
截头方锥体		$V = \dfrac{h}{6} \times [(2a+a_1)b + (2a_1+a)b_1]$ 式中 a、a_1——上下边长； b、b_1——上下边宽； h——高
正六角棱柱体		$V = \dfrac{3\sqrt{3}}{2}b^2 h$ $V = 2.598b^2 h \approx 2.6b^2 h$ 式中 b——底边长

(4) 物体重量（质量）的计算

在物理学中，把某种物质单位体积的质量叫做这种物质的密度，其单位是 kg/m^3。各种常用物质的密度见表 1-3。

各种常用物质的密度表 表 1-3

物体材料	密度（$\times 10^3 kg/m^3$）	物体材料	密度（$\times 10^3 kg/m^3$）
水	1.0	混凝土	2.4
钢	7.85	碎石	1.6
铸铁	7.2～7.5	水泥	0.9～1.6
铸铜、镍	8.6～8.9	砖	1.4～2.0
铝	2.7	煤	0.6～0.8
铅	11.34	焦炭	0.35～0.53
铁矿	1.5～2.5	石灰石	1.2～1.5
木材	0.5～0.7	造型砂	0.8～1.3

物体的质量可根据下式计算：

物体的质量＝物体的密度×物体的体积，见式（1-1）：

$$m = \rho V \tag{1-1}$$

式中　m——物体的质量（kg）；
　　　ρ——物体的材料密度（kg/m³）；
　　　V——物体的体积（m³）。
物体的重量见式（1-2）：
$$G = mg \qquad (1-2)$$
式中　g——质量为 1kg 的物体所受到的重力，大小为 10N。

【例 1-1】 起重机的料斗如图 1-6 所示，它的上口长为 1.2m，宽为 1m，下底面长 0.8m，宽为 0.5m，高为 1.5m，试计算满斗混凝土的重量。

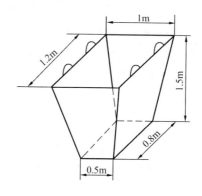

图 1-6　起重机的料斗

【解】：查表 1-3 得知混凝土的密度：
$$\rho = 2.4 \times 10^3 \text{kg/m}^3$$

料斗的体积：

$V = \dfrac{h}{6}[(2a + a_1)b + (2a_1 + a)b_1]$

$\quad = \dfrac{1.5}{6}[(2 \times 1.2 + 0.8) \times 1 + (2 \times 0.8 + 1.2) \times 0.5]$

$\quad = 1.15 \text{m}^3$

混凝土的质量：$m = \rho V = 2.4 \times 10^3 \times 1.15 = 2.76 \times 10^3 \text{kg}$

混凝土的重量：$G = mg \approx 2.76 \times 10^3 \times 10 \text{N} = 27.6 \text{kN}$

1.2 电工学基础

1.2.1 基本概念

(1) 电流、电压和电阻

1) 电流

在电路中电荷有规则的运动称为电流。

电流不但有方向,而且有大小。大小和方向都不随时间变化的电流,称为直流电,用字母"DC"或符号"—"表示;大小和方向随时间变化的电流,称为交流电,用字母"AC"或符号"∼"表示。

电流的大小称为电流强度,简称电流。电流强度的定义公式,见式(1-3)。

$$I = \frac{Q}{t} \quad (1-3)$$

式中 I——电流强度(A);

Q——通过导体某截面的电荷量(C);

t——电荷通过时间(s)。

电流(即电流强度)的基本单位是安培,简称安,用字母 A 表示,电流常用的单位还有 kA、mA、μA,换算关系为:

$$1kA = 10^3 A$$
$$1mA = 10^{-3} A$$
$$1\mu A = 10^{-6} A$$

测量电流强度的仪表叫电流表,又称安培表,分直流电流表和交流电流表两类。测量时必须将电流表串联在被测的电路中。

每一个安培表都有一定的测量范围,所以在使用安培表时,应该先估算一下电流的大小,选择量程合适的电流表。

2) 电压

电路中要有电流,必须要有电位差,有了电位差电流才能从电路中的高电位点流向低电位点。

电压是指电路中任意两点之间的电位差。电压的基本单位是伏特,简称伏,用字母 V 表示,常用的单位还有千伏(kV)、毫伏(mV)等,换算关系为:

$$1kV=10^3V$$
$$1mV=10^{-3}V$$

测量电压大小的仪表叫电压表,又称伏特表,分直流电压表和交流电压表两类。测量时,必须将电压表并联在被测量电路中,每个伏特表都有一定的测量范围(即量程)。使用时,必须注意所测的电压不得超过伏特表的量程。

电压按等级划分为高压、低压与安全电压。

高压:指电气设备对地电压在 250V 以上;

低压:指电气设备对地电压为 250V 以下;

安全电压有五个等级:42V、36V、24V、12V、6V。

3) 电阻

导体对电流的阻碍作用成为电阻,导体电阻是导体中客观存在的。在温度不变时导体的电阻,跟它的长度成正比,跟它的横截面积成反比。上述关系见式(1-4)。

$$R=\rho\frac{L}{S} \qquad (1-4)$$

式中　R——导体的电阻(Ω);

　　　ρ——导体的电阻率($\Omega \cdot m$);

　　　L——导体的长度(m);

　　　S——导体的横截面积(mm^2)。

式（1-4）中 ρ 是导体的材料决定的，称为导体的电阻率。

电阻的常用单位有欧姆（Ω）、千欧（kΩ）、兆欧（MΩ）。他们的换算关系是：

$$1k\Omega = 10^3 \Omega$$
$$1M\Omega = 10^3 k\Omega = 10^6 \Omega$$

(2) 电路

1) 电路的组成

电路就是电流流通的路径，如日常生活中的照明电路、电动机电路等。电路一般由电源、负载、导线和控制器件四个基本部分组成，如图1-7所示。

①电源：将其他形式的能量转换为电能的装置，在电路中，电源产生电能，并维持电路中的电流。

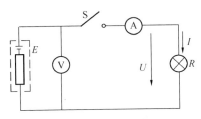

图1-7　电路示意图

②负载：将电能转换为其他形式能量的装置。

③导线：连接电源和负载的导体，为电流提供通道并传输电能。

④控制器件：在电路中起接通、断开、保护、测量等作用的装置。

2) 电路的类别

按照负载的连接方式，电路可分为串联电路和并联电路。电路中电流依次通过每一个组成元件的电路称为串联电路；所有负载（电源）的输入端和输出端分别被连接在一起的电路，称为并联电路。

按照电流的性质，分为交流电路和直流电路。电压和电流的大小及方向随时间变化的电路，叫交流电路；电压和电流的大小及方向不随时间变化的电路,叫直流电路。

3）电路的状态

①通路：当电路的开关闭合,负载中有电流通过时称为通路,电路正常工作状态为通路。

②开路：即断路,指电路中开关打开或电路中某处断开时的状态,开路时电路中无电流通过。

③短路：电源两端的导线因某种事故未经过负载而直接连通时称为短路。短路时负载中无电流通过,流过导线的电流比正常工作时大几十倍甚至数百倍,短时间内就会使导线产生大量的热量,造成导线熔断或过热而引发火灾,短路是一种事故状态,应避免发生。

（3）电功率和电能

1）电功率

在导体的两端加上电压,导体内就产了电流。电场力推动自由电子定向移动所做的功,通常称为电流所作的功或称为电功（W）。

电流在一段电路所作的功,与这段电路两端的电压 U、电路中的电流强度 I 和通电时间 t 成正比,见式（1-5）。

$$W = UIt \qquad (1\text{-}5)$$

式中　W——电流在一段电路所作的功（J）；

　　　U——电路两端的电压（V）；

　　　I——电路中的电流强度（A）；

　　　t——通电时间（s）。

单位时间内电流所作的功叫电功率,简称功率,用字母 P 表示,其单位为焦耳/秒（J/s）,即瓦特,简称瓦（W）。功率的计算见式（1-6）。

$$P = \frac{W}{t} = \frac{UIt}{t} = UI = I^2 R = \frac{U^2}{R} \qquad (1\text{-}6)$$

式中　P——功率（W）；
　　　W——电流在一段电路所做的功（J）；
　　　U——电路两端的电压（V）；
　　　I——电路中的电流强度（A）；
　　　t——通电时间（s）。

常用的电功率单位还有千瓦（kW）、兆瓦（MW）和马力（HP），换算关系为：

$$1kW = 10^3 W$$

$$1MW = 10^6 W$$

$$1HP（马力）= 736W$$

2）电能

电路的主要任务是进行电能的传送、分配和转换。电能是指一段时间内电场所做的功，见式（1-7）。

$$W = Pt \qquad (1-7)$$

式中　W——电能（kW·h）；
　　　P——功率（W）；
　　　t——通电的时间（s）。

电能的单位是千瓦·时（kW·h），简称度。1度=1kW·h。

测量电功的仪表是电能表，又称电度表，它可以计量用电设备或电器在某一段时间内所消耗的电能。测量电功率的仪表是功率表，它可以测量用电设备或电气设备在某一工作瞬间的电功率大小。功率表又可以分为有功功率表（kW）和无功功率表（kvar）。

（4）三相交流电

我国工业上普遍采用频率为50Hz的正弦交流电，在日常生活中，人们接触较多的是单向交流电，而实际工作中，人们接触更多的是三相交流电。

三个具有相同频率、相同振幅，但在相位上彼此相差 120°的正弦交流电，统称为三相交流电。三相交流电习惯上分为 A、B、C 三相。按国标规定，交流供电系统的电源 A、B、C 分别用 L_1、L_2、L_3 表示，其相色分别为黄色、绿色和红色。交流供电系统中电气设备接线端子的 A、B、C 相依次用 U、V、W 表示，如三相电动机三相绕组的首端和尾端分别为 U_1 和 U_2、V_1 和 V_2、W_1 和 W_2。

1.2.2 三相异步电动机

电动机分为交流电动机和直流电动机两大类，交流电动机又分为异步电动机和同步电动机。异步电动机又可分为单相电动机和三相电动机。电扇、洗衣机、电冰箱、空调、排风扇、木工机械及小型电钻等使用的是单相异步电动机，建筑卷扬机一般都采用三相异步电动机。

（1）三相异步电动机的结构

三相异步电动机也叫三相感应电动机，主要由定子和转子两个基本部分组成。转子又可分为鼠笼式和绕线式两种。

1) 定子

定子主要由定子铁芯、定子绕组、机座和端盖等组成。

①定子铁芯

定子铁芯是异步电动机主磁通磁路的一部分，通常由导磁性能较好的 0.35～0.5mm 厚的硅钢片叠压而成。对于容量较大（10kW 以上）的电动机，在硅钢片两面涂以绝缘漆，作为片间绝缘之用。

②定子绕组

定子绕组是异步电动机的电路部分，由三相对称绕组按一定的空间角度依次嵌放在定子线槽内，其绕组有单层和双层两种基本形式。如图1-8所示。

③机座

机座的作用主要是固定定子铁芯并支撑端盖和转子，中小型异步电动机一般都采用铸铁机座。

图1-8 三相电机的定子绕组

2) 转子

转子部分由转子铁芯、转子绕组及转轴组成。

①转子铁芯，也是电动机主磁通磁路的一部分，一般也由0.35~0.5mm厚的硅钢片叠成，并固定在转轴上。转子铁芯外圆侧均匀分布着线槽，用以浇铸或嵌放转子绕组。

②转子绕组，按其形式分为鼠笼式和绕线式两种。

图1-9 鼠笼式电机的转子

小容量鼠笼式电动机一般采用在转子铁芯槽内浇铸铝笼条，两端的端环将笼条短接起来，并浇铸冷却成风扇叶状。如图1-9所示，为鼠笼式电机的转子。

绕线式电动机是在转子铁芯线槽内嵌放对称三相绕组，如图1-10所示。三相绕组的一端接成星形，另一端接在固定于转轴的滑环（集电环）上，通过电刷与变阻器连接。如图1-11所示，为三相绕线式电机的滑环结构。

③转轴，其主要作用是

图1-10 绕线式电机的转子绕组

图 1-11 三相绕线式电机的滑环结构

支撑转子和传递转矩。

(2) 三相异步电动机的铭牌

电动机出厂时,在机座上都有一块铭牌,上面标有该电机的型号、规格和有关数据。

1) 铭牌的标识

电机产品型号举例:Y-132S_2-2

Y——表示异步电动机;

132——表示机座号,数据为轴心对底座平面的中心高(mm);

S——表示短机座(S:短;M:中;L:长);

$_2$——表示铁芯长度号;

2——表示电动机的极数。

2) 技术参数

①额定功率:电动机的额定功率也称额定容量,表示电动机在额定工作状态下运行时,轴上能输出的机械功率,单位为 W 或 kW。

②额定电压:是指电动机额定运行时,外加于定子绕组上的线电压,单位为 V 或 kV。

③额定电流:是指电动机在额定电压和额定输出功率时,定子绕组的线电流,单位为 A。

④额定频率:额定频率是指电动机在额定运行时电源的频

率,单位为 Hz。

⑤额定转速:额定转速是指电动机在额定运行时的转速,单位为 r/min。

⑥接线方法:表示电动机在额定电压下运行时,三相定子绕组的接线方式。目前电动机铭牌上给出的接法有两种,一种是额定电压为 380V/220V,接法为 Y/△;另一种是额定电压 380V,接法为 △。

⑦绝缘等级:电动机的绝缘等级,是指绕组所采用的绝缘材料的耐热等级,它表明电动机所允许的最高工作温度,见表1-4。

绝缘等级及允许最高工作温度　　表1-4

绝缘等级	Y	A	E	B	F	H	C
最高工作温度(℃)	90	105	120	130	155	180	>180

(3) 三相异步电动机的运行与维护

1) 电动机起动前检查

①电动机上和附近有无杂物和人员;

②电动机所拖动的机械设备是否完好;

③大型电动机轴承和起动装置中油位是否正常;

④绕线式电动机的电刷与滑环接触是否紧密;

⑤转动电动机转子或其所拖动的机械设备,检查电动机和拖动的设备转动是否正常。

2) 电动机运行中的监视与维护

①电动机的温升及发热情况;

②电动机的运行负荷电流值;

③电源电压的变化;

④三相电压和三相电流的不平衡度;

⑤电动机的振动情况;

⑥电动机运行的声音和气味;

⑦电动机的周围环境、适用条件;

⑧电刷是否冒火或有其他异常现象。

1.2.3 低压电器

低压电器在供配电系统中广泛用于电路、电动机、变压器等电气装置上,起着开关、保护、调节和控制的作用,按其功能分有开关电器、控制电器、保护电器、调节电器、主令电器和成套电器等,现主要介绍起重机械中常用的几种低压电器。

(1) 主令电器

主令电器是一种能向外发送指令的电器,主要有按钮、行程开关、万能转换开关和接触开关等。利用它们可以实现人对控制电器的操作或实现控制电路的顺序控制。

1) 控制按钮

按钮是一种靠外力操作接通或断开电路的电气元件,一般不能直接用来控制电气设备,只能发出指令,但可以实现远距离操作。如图 1-12 所示,为几种按钮的外形与结构。

图 1-12 按钮的外形与结构

(a) 实物图;(b) 示意图

1—按钮;2—弹簧;3—接触片;4、5—接触点

2）行程开关

行程开关又称限位开关或终点开关，是一种将机械信号转换为电信号来控制运动部件行程的开关元件。它不用人工操作，而是利用机械设备某些部件的碰撞来完成的，以控制自身的运动方向或行程大小的主令电器，被广泛用于顺序控制器、运动方向、行程、零位、限位、安全及自动停止、自动往复等控制系统中。如图1-13所示，为几种常见的行程开关。

图1-13 几种常见的行程开关

3）万能转换开关

万能转换开关是一种多对触头、多个挡位的转换开关。主要由操作手柄、转轴、动触头及带号码牌的触头盒等构成。常用的转换开关有LW2、LW4、LW5-15D、LW15-10、LWX2等，在QT30以下的塔式起重机一般使用LW5型转换开关。如图2-14所示，为一种万能转换开关。

图1-14 万能转换开关

4）主令控制器

主令控制器（又称主令开关）主要用于电气传动装置中，按一定顺序分合触头，达到发布命令或其他控制线路连锁转换的目的。其中塔机的联动操作台就属于主令控制器，用来操作塔式起重机的回转、变幅、升降，如图1-15所示。

(2) 空气断路器

低压空气断路器又称自动空气开关或空气开关,属开关电器,是用于当电路中发生过载、短路和欠压等不正常情况时,能自动分断电路的电器,也可用作不频繁地启动电动机或接通、分断电路,有万能式断路器、塑壳

图 1-15 塔机的联动操作台

式断路器、微型断路器等,如图 1-16 所示,为几种常见的断路器。

图 1-16 几种常见的断路器

(3) 漏电保护器

漏电保护器,又称剩余电流动作保护器,主要用于保护人身因漏电发生电击伤亡、防止因电气设备或线路漏电引起电气火灾事故。

安装在负荷端电器电路的漏电保护器,是考虑到漏电电流通过人体的影响,用于防止人为触电的漏电保护器,其动作电流不得大于 30mA,动作时间不得大于 0.1s。应用于潮湿场所的电器设备,应选用动作电流不大于 15mA 的漏电保护器。

漏电保护器按结构和功能分为漏电开关、漏电断路器、漏电继电器、漏电保护插头、插座。漏电保护器按极数还可分为单

极、二极、三极、四极等多种。

(4) 接触器

接触器是利用自身线圈流过电流产生磁场,使触头闭合,以达到控制负载的电器。接触器用途广泛,是电力拖动和控制系统中应用最为广泛的一种电器,它可以频繁操作,远距离闭合、断开主电路和大容量控制电路,接触器可分为交流接触器和直流接触器两大类。

接触器主要由电磁系统、触头系统和灭弧装置等几部分组成。交流接触器的交流线圈的额定电压有380V、220V等,如图1-17所示,为几种常见的接触器。

图 1-17 几种常见的接触器

(5) 继电器

继电器是一种自动控制电器,在一定的输入参数下,它受输入端的影响而使输出参数有跳跃式的变化。常用的有中间继电器、热继电器、时间继电器、温度继电器等。如图 1-18 所示,

图 1-18 几种常见的继电器

图 1-19 刀开关

为几种常见的继电器。

（6）刀开关

刀开关又称闸刀开关或隔离开关，它是手控电器中最简单而使用又较广泛的一种低压电器。刀开关在电路中的作用是隔离电源和分断负载。如图 1-19 所示，为一种常见的刀开关。

1.3 机械基础知识

1.3.1 机械基础概述

（1）机器

机器基本上都是由原动部分、工作部分和传动部分组成的。原动部分是机器动力的来源。常用的原动机有电机、内燃机等。工作部分是完成机器预定的动作，处于整个传动的终端，其结构形式要取决于机器工作本身的用途。传动部分是把原动部分的运动和动力传递给工作部分的中间环节。

机器通常有以下三个共同的特征：

1）机器是由许多的构件组合而成的，如图 1-20 所示，钢筋切断机由电动机通过带传动及齿轮传动减速机，带动由曲柄、连杆和滑块组成的曲柄滑块机构，使安装在滑块上的活动刀片周期性地靠近或离开安装在机架上的固定刀片，完成切断钢筋的工作循环。其原动部分为电动机，执行部分为刀片，传动部分包括带传动、齿轮传动和曲柄滑块机构。

2）机器中的构件之间具有确定的相对运动。活动刀片相对

图 1-20 钢筋切断机示意图
1—机架;2—电动机;3—带传动机构;4—齿轮
机构;5—偏心轴;6—连杆;7—滑块;
8—活动刀片;9—固定刀片

于固定刀片作往复运动。

3) 机器可以用来代替人的劳动,完成有用的机械功或者实现能量转换。如运输机可以改变物体的空间位置,电动机能把电能转换成机械能等。

(2) 机构

机构与机器有所不同,机构具有机器的前两个特征,而没有最后一个特征,通常把这些具有确定相对运动构件的组合称为机构。所以机构和机器的区别是机构的主要功用在于传递或转变运动的形式,而机器的主要功用是为了利用机械能做功或能量转换。

(3) 机械

机械是机器和机构的总称。

(4) 运动副

使两物体直接接触而又能产生一定相对运动的连接,称为运动副。如图 1-21 所示。

根据运动副中两机构接触形式不同,运动副可分为低副和高副。

1) 低副

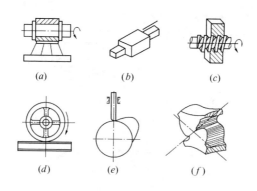

图 1-21 运动副
(a) 转动副；(b) 移动副；(c) 螺旋副；
(d) 滚轮副；(e) 凸轮副；(f) 齿轮副

低副是指两构件之间作面接触的运动副。按两构件的相对运动情况，可分为：

①转动副：指两构件在接触处只允许作相对转动，如由轴和瓦之间组成的运动副。

②移动副：指两构件在接触处只允许作相对移动，如由滑块与导槽组成的运动副。

③螺旋副：两构件在接触处只允许作一定关系的转动和移动的复合运动，如丝杠与螺母组成的运动副。

2) 高副

高副是两构件之间作点或线接触的运动副。按两构件的相对运动情况，可分为：

①滚轮副：如由滚轮和轨道之间组成的运动副。

②凸轮副：如凸轮与从动杆组成的运动副。

③齿轮副：如两齿轮轮齿的啮合组成的运动副。

1.3.2 机械传动

(1) 齿轮传动

齿轮传动是由齿轮副组成的传递运动和动力的一套装置，所谓齿轮副是由两个相啮合的齿轮组成的基本结构。

1) 齿轮传动工作原理

齿轮传动由主动轮、从动轮和机架组成。齿轮传动是靠主动轮的轮齿与从动轮的轮齿直接啮合来传递运动和动力的装置。如图1-22所示，当一对齿轮相互啮合而工作时，主动轮 O_1 的轮齿1、2、3、4、……，通过啮合点法向力的作用逐个地推动从动轮 O_2 的轮齿 $1'$、$2'$、$3'$、$4'$……，使从动轮转动，从而将主动轮的动力和运动传递给从动轮。

2) 传动比

如图1-22所示，在一对齿轮中，设主动齿轮的转速为 n_1，齿数为 z_1，从动齿轮的转速为 n_2，齿数为 z_2，由于是啮合传动，在单位时间里两轮转过的齿数应相等，即 $z_1 \cdot n_1 = z_2 \cdot n_2$，由此可得一对齿轮的传动比，见式（1-8）。

$$i_{12} = \frac{n_1}{n_2} = \frac{z_2}{z_1} \quad (1-8)$$

式中 i_{12}——齿轮的传动比；

n_1、n_2——齿轮的转速；

z_1、z_2——齿轮的齿数。

式（1-8）说明一对齿轮传动比，就是主动齿轮与从动齿轮转速（角速度）之比，与其

图1-22 齿轮传动

齿数成反比。若两齿轮的旋转方向相同，规定传动比为正；若两齿轮的旋转方向相反，规定传动比为负，则一对齿轮的传动比可写为：

$$i_{12} = \pm \frac{n_1}{n_2} = \pm \frac{z_2}{z_1}$$

3) 齿轮各部分名称和符号，如图1-23所示。

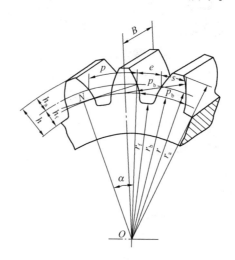

图1-23 齿轮各部分名称和符号

①齿槽：齿轮上相邻两轮齿之间的空间；

②齿顶圆：通过轮齿顶端所作的圆称为齿顶圆，其直径用 d_a 表示，半径用 r_a 表示；

③齿根圆：通过齿槽底所作的圆称为齿根圆，其直径用 d_f 表示，半径用 r_f 表示；

④齿厚：一个齿的两侧端面齿廓之间的弧长称为齿厚，用 s 表示；

⑤齿槽宽：一个齿槽的两侧齿廓之间的弧长称为齿槽宽，用 e 表示；

⑥分度圆：齿轮上具有标准模数和标准压力角的圆称为分度圆，其直径用 d 表示，半径用 r 表示；对于标准齿轮，分度圆上的齿厚和槽宽相等；

⑦齿距：相邻两齿上同侧齿廓之间的弧长称为齿距，用 p 表示，即 $p=s+e$；

⑧齿高：齿顶圆与齿根圆之间的径向距离称为齿高，用 h 表示；

⑨齿顶高：齿顶圆与分度圆之间的径向距离称为齿顶高，用 h_a 表示；

⑩齿根高：齿根圆与分度圆之间的径向距离称为齿根高，用 h_f 表示；

⑪齿宽：齿轮的有齿部位沿齿轮轴线方向量得的齿轮宽度，用 B 表示。

4）主要参数

①齿数：在齿轮整个圆周上轮齿的总数称为齿数，用 z 表示。

②模数：模数是齿轮几何尺寸计算中最基本的一个参数。齿距除以圆周率所得的商，称为模数，由于 π 为无理数，为了计算和制造上的方便，人为地把 p/π 规定为有理数，用 m 表示，模数单位为 mm，即：$m=p/\pi=d/z$。

模数直接影响齿轮的大小、轮齿齿形和强度的大小。对于相同齿数的齿轮，模数越大，齿轮的几何尺寸越大，轮齿也大，因此承载能力也越大。

国家对模数值，规定了标准模数系列，见表 1-5。

③分度圆压力角：通常说的压力角指分度圆上的压力角，简称压力角，用 α 表示。国家标准中规定，分度圆上的压力角为标准值，$\alpha=20°$。

齿廓形状是由齿数、模数和压力角三个因素决定的。

标准模数系列表　　　　　　　　　　　　表 1-5

第一系列 (mm)	0.1	0.12	0.15	0.2	0.25	0.3	0.4	0.5	0.6	0.8
	1	1.25	1.5	2	2.5	3	4	5	6	8
	10	12	16	20	25	32	40	50		
第二系列 (mm)	0.35 (6.5)	0.7 7	0.9 9	1.75 (11)	2.25 14	2.75 18	(3.25) 22	3.5 28	(3.75) (30)	4.5 36	5.5 45

注：本表适用于渐开线圆柱齿轮，对斜齿轮是指法面模数；选用模数时，应优先采用第一系列，其次是第二系列，括号内的模数尽量不用。

5) 直齿圆柱齿轮传动

①啮合条件

两齿轮的模数和压力角分别相等。

②中心距

一对标准直齿圆柱齿轮传动，由于分度圆上的齿厚与齿槽宽相等，所以两齿轮的分度圆相切，且做纯滚动，此时两分度圆与其相应的节圆重合，则标准中心距见式（1-9）。

$$a = r_1 + r_2 = \frac{m(z_1 + z_2)}{2} \tag{1-9}$$

式中　a——标准中心距；

r_1、r_2——齿轮的半径；

m——齿轮的模数；

z_1、z_2——齿轮的齿数。

6) 齿轮传动的失效形式

齿轮传动过程中，如果轮齿发生折断、齿面损坏等现象，则轮齿就失去了正常的工作能力，称为失效。失效的原因及避免措施见表 1-6。

常见的轮齿失效形式有：轮齿折断、齿面点蚀、齿面胶合、齿面磨损和齿面塑性变形等。如图 1-24 所示，为常见的轮齿失效形式。

齿轮失效的原因及避免措施 表1-6

比较项目\失效形式	轮齿折断	齿面点蚀	齿面胶合	齿面磨损	齿面塑性变形
引起原因	短时意外的严重过载；超过弯曲疲劳极限	很小的面接触、循环变化就会使齿面表层产生细微的疲劳裂纹、微粒剥落而形成麻点	高速重载、啮合区温度升高引起润滑失效，齿面金属直接接触并相互粘连，较软的齿面被撕下而形成沟纹	接触表面间有较大的相对滑动，产生滑动摩擦	低速重载、齿面压力过大
部位	齿根部分	靠近节线的齿根表面	轮齿接触表面	轮齿接触表面	轮齿
避免措施	选择适当的模数和齿宽，采用合适的材料及热处理方法，降低表面粗糙度，降低齿根弯曲应力	提高齿面硬度	提高齿面硬度，降低表面粗糙度，采用黏度大和抗胶合性能好的润滑油	提高齿面硬度，降低表面粗糙度，改善润滑条件，加大模数，尽可能用闭式齿轮传动结构代替开式齿轮传动结构	减小载荷，减少启动频率

7）斜齿圆柱齿轮

①斜齿圆柱齿轮齿面的形成

斜齿圆柱齿轮是齿线为螺旋线的圆柱齿轮。斜齿圆柱齿轮的齿面制成渐开螺旋面。渐开螺旋面的形成，是一平面（发生面）沿着一个固定的圆柱面（基圆柱面）做纯滚动时，此平面上的一条以恒定角度与基圆柱的轴线倾斜交错的直线在空间内的轨迹曲面，如图1-25所示。

当其恒定角度 $\beta=0$ 时，则为直齿圆柱渐开螺旋面齿轮（简称直齿圆柱齿轮），当 $\beta\neq 0$ 时，则为斜齿圆柱渐开螺旋面齿轮，

图 1-24 常见的轮齿失效形式

(a) 轮齿折断；(b) 齿面点蚀；(c) 齿面胶合；
(d) 齿面磨损；(e) 齿面塑性变形

图 1-25 斜齿轮展开图

简称斜齿圆柱齿轮。

② 斜齿圆柱齿轮传动的特点

斜齿圆柱齿轮传动和直齿圆柱齿轮传动一样，仅限于传递两平行轴之间的运动；齿轮承载能力强，传动平稳，可以得到更加紧凑的结构；但在运转时会产生轴向推力。

8）齿条传动

齿条传动主要用于把齿轮的旋转运动变为齿条的直线往复运动，或把齿条的直线往复运动变为齿轮的旋转运动。

① 齿条传动的形式

如图 1-26 所示，在两标准渐开线齿轮传动中，当其中一个齿轮的齿数无限增加时，分度圆变为直线，称为基准线。此时齿顶圆、齿根圆和基圆也同时变为与基准线平行的直线，并分别叫齿顶线、齿根线。这

图 1-26 齿条传动

时齿轮中心移到无穷远处。同时，基圆半径也增加到无穷大。这种齿数趋于无穷多的齿轮的一部分就是齿条。因此齿条是具有一系列等距离分布齿的平板或直杆。

② 齿条传动的特点

由于齿条的齿廓是直线，所以齿廓上各点的法线是平行的。在传动时齿条做直线运动。齿条上各点的速度的大小和方向都一致。齿廓上各点的齿形角都相等，其大小等于齿廓的倾斜角，即齿形角 $\alpha=20°$。

由于齿条上各齿同侧的齿廓是平行的，所以不论在基准线上(中线上)、齿顶线上。还是与基准线平行的其他直线上，齿距都相等，即 $p=\pi m$。

9) 蜗杆传动

蜗杆传动是一种常用的齿轮传动形式，其特点是可以实现大传动比传动，广泛应用于机床、仪器、起重运输机械及建筑机械中。

如图 1-27 所示，蜗杆传动由蜗杆和蜗轮组成，传递两交错轴之间的运动和动力，一般以蜗杆为主动件，蜗轮为从动件。通

图 1-27 蜗杆蜗轮传动
1—蜗轮；2—蜗杆

33

常，工程中所用的蜗杆是阿基米德蜗杆，它的外形很像一根具有梯形螺纹的螺杆，其轴向截面类似于直线齿廓的齿条。蜗杆有左旋、右旋之分，一般为右旋。蜗杆传动的主要特点是：

①传动比大。蜗杆与蜗轮的运动相当于一对螺旋副的运动，其中蜗杆相当于螺杆，蜗轮相当于螺母。设蜗杆螺纹头数为 z_1，蜗轮齿数为 z_2。在啮合中，若蜗杆螺纹头数 $z_1=1$，则蜗杆回转一周蜗轮只转过一个齿，即转过 $1/z_2$ 转；若蜗杆头数 $z_2=2$，则蜗轮转过 $2/z_2$ 转，由此可得蜗轮杆蜗轮的传动比：

$$i = \frac{n_1}{n_2} = \frac{z_2}{z_1} \tag{1-10}$$

②蜗杆的头数 z_1 很少，仅为 1～4，而蜗轮齿数 z_2 却可以很多，所以能获得较大的传动比。单级蜗杆传动的传动比一般为 8～60，分度机构的传动比可达 500 以上。

③工作平稳、噪声小。

④具有自锁作用。当蜗杆的螺旋升角 λ 小于 6°时（一般为单头蜗杆），无论在蜗轮上加多大的力都不能使蜗杆转动，而只能由蜗杆带动蜗轮转动。这一性质对某些起重设备很有意义，可利用蜗轮蜗杆的自锁作用使重物吊起后不会自动落下。

⑤传动效率低。一般阿基米德单头蜗杆传动效率为 0.7～0.9。当传动比很大、蜗杆螺旋升角很小时，效率甚至在 0.5 以下。

⑥价格昂贵。蜗杆蜗轮啮合齿面间存在相当大的相对滑动速度，为了减小蜗杆蜗轮之间的摩擦、防止发生胶合，蜗轮一般需采用贵重的有色金属来制造，加工也比较复杂，这就提高了制造成本。

(2) 带传动

带传动是由主动轮、从动轮和传动带组成，靠带与带轮之间的摩擦力来传递运动和动力。如图 1-28 所示。

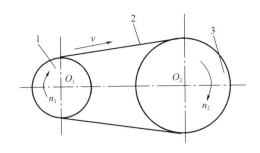

图 1-28 带传动
1—主动带轮；2—传动带；3—从动带轮

1）带传动的特点

与其他传动形式相比较，带传动具有以下特点：

①由于传动带具有良好的弹性，所以能缓和冲击、吸收振动，传动平稳，无噪声。但因带传动存在滑动现象，所以不能保证恒定的传动比。

②传动带与带轮是通过摩擦力传递运动和动力的。因此过载时，传动带在轮缘上会打滑，从而可以避免其他零件的损坏，起到安全保护的作用。但传动效率较低，带的使用寿命短；轴、轴承承受的压力较大。

③适宜用在两轴中心距较大的场合，但外廓尺寸较大。

④结构简单，制造、安装、维护方便，成本低。但不适用于高温、有易燃易爆物质的场合。

2）带传动的类型

带传动可分为平型带传动、V型带传动和同步齿型带传动等。如图 1-29 所示。

①平型带传动

平型带的横截面为矩形，已标准化。常用的有橡胶帆布带、皮革带、棉布带和化纤带等。

平型带传动主要用于两带轮轴线平行的传动，其中有开口式

35

图 1-29 带传动的类型

(a) 平带传动；(b) V 型带传动；(c) 同步带传动

1—节线；2—节圆

传动和交叉式传动等。如图 1-30 所示，开口式传动，两带轮转向相同，应用较多；交叉式传动，两带轮转向相反，传动带容易磨损。

图 1-30 平型带传动

(a) 开口传动；(b) 交叉传动

② V 型带传动

V 型带传动又称三角带传动，较之平型带传动的优点是传动带与带轮之间的摩擦力较大，不易打滑；在电动机额定功率允许的情况下，要增加传递功率只要增加传动带的根数即可。V 型带传动常用的有普通 V 型带传动和窄 V 型带传动两类，常用普通 V 型带传动。

对 V 型带轮的基本要求是：重量轻，质量分布均匀，有足够的强度，安装时对中性良好，无铸造与焊接所引起的内应力。带轮的工作表面应经过加工，使之表面光滑以减少胶带的磨损。

带轮常用铸铁、钢、铝合金或工程塑料等制成。带轮由轮缘、轮毂、轮辐三部分组成，如图 1-31 所示。轮缘上有带槽，它是与 V 型带直接接触的部分，槽数与槽的尺寸应与所选 V 型带的根数和型号相对应。轮毂是带轮与轴配合的部分，轮毂孔内一般有键槽，以便用键将带轮和轴连接在一起。轮辐是连接轮缘与轮毂的部分，其形式根据带轮直径大小选择。当带轮直径很小时，只能做成实心式，如图 1-31（a）所示；中等直径的带轮做成腹板式，如图 1-31（b）所示；直径大于 300mm 的带轮常采用轮辐式，如图 1-31（c）所示。

图 1-31 带轮
(a) 实心式；(b) 腹板式；(c) 轮辐式

V 型带传动的安装、使用和维护是否得当，会直接影响传动带的正常工作和使用寿命。在安装带轮时，要保证两轮中心线平行，其端面与轴的中心线垂直，主、从动轮的轮槽必须在同一平面内，带轮安装在轴上不得晃动。

选用 V 型带时，型号和计算长度不能搞错。若 V 型带型号大于轮槽型号，会使 V 型带高出轮槽，使接触面减小，降低传动能力；若小于轮槽型号，将使 V 型带底面与轮槽底面接触，从而失去 V 型带传动摩擦力大的优点。

安装 V 型带时应有合适的张紧力，在中等中心距的情况下，用大拇指按下 1.5cm 即可；同一组 V 型带的实际长短相差不宜过大，否则易造成受力不均匀现象，以致降低整个机构的工作能力。V 型带在使用一段时间后，由于长期受拉力作用会产生永久变形，使长度增加而造成 V 型带松弛，甚至不能正常工作。

为了使 V 型带保持一定的张紧程度和便于安装，常把两带轮的中心距做成可调整的（图 1-32），或者采用张紧装置（图 1-33）。没有张紧装置时，可将 V 型带预加张紧力增大到 1.5 倍，当胶带工作一段时间后，由于总长度有所增加，张紧力就合适了。

图 1-32　调整中心距的方法

V 型带经过一段时间使用后，如发现不能使用时要及时更换，且不允许新旧带混合使用，以免造成载荷分布不均。更换下来的 V 型带如果其中有的仍能继续使用，可在使用寿命相近的 V 型带中挑选长度相等的进行组合。

③同步齿型带传动

同步齿带传动是一种啮合传动，依靠带内周的等距横向齿与带轮相应齿槽间的啮合来传递运动和动力，如图 1-34 所示。同步带传动工作时带与带轮之间无相对滑动，能保证准确的传动比。传动效率可达 0.98；传动比较大，可达 12~20；允许带速可高至 50m/s。但同步带传动的制造要求较高，安装时对中心距有严格要求，价格较贵。同步带传动主要用于要求传动比准确的中、小功率传动中。

图 1-33 应用张紧轮的方法
1—张紧轮

图 1-34 同步带传动

3) 带传动的维护

为了延长使用寿命，保证正常运转，须正确使用与维护。带传动在安装时，必须使两带轮轴线平行，轮槽对正，否则会加剧磨损。安装时应缩小轴距后套上，然后调整。严防与矿物油、酸、碱等腐蚀性介质接触，也不宜在阳光下曝晒。如有油污可用温水或 1.5%的稀碱溶液洗净。

(3) 链传动

链传动是由主动链轮、链条和从动链轮组成，如图 1-35 所示。链轮具有特定的齿形，链条套装在主动链轮和从动链轮上。工作时，通过链条的链节与链轮轮齿的啮合来传递运动和动力。链传动具有下列特点：

1) 链传动结构较带传动紧凑，过载能力大；

2) 链传动有准确的平均传动比，无滑动现象，但传动平稳性差，工作时有噪声；

图 1-35　链传动
1—主动链轮；2—链条；3—从动链轮

3）作用在轴和轴承上的载荷较小；

4）可在温度较高、灰尘较多、湿度较大的不良环境下工作；

5）低速时能传递较大的载荷；

6）制造成本较高。

1.3.3　轴系零部件

（1）轴

轴是组成机器中最基本的和主要的零件，一切作旋转运动的传动零件，都必须安装在轴上才能实现旋转和传递动力。

1) 常用轴的种类

按照轴的轴线形状不同，可以把轴分为曲轴如图 1-36（a）和直轴如图 1-36（b）、（c）两大类。曲轴可以将旋转运动改变为往复直线运动或者作相反的运动转换。直轴应用最为广泛，直轴按照其外形不同，可分为光轴如图 1-36（b）和阶梯轴如图 1-36（c）两种。

按照轴所受载荷的不同，可将轴分为心轴、转轴和传动轴三类。

图1-36 轴
(a) 曲轴；(b) 光轴；(c) 阶梯轴

①心轴：通常指只承受弯矩而不承受转矩的轴。如自行车前轴。

②转轴：既受弯矩又受转矩的轴。转轴在各种机器中最为常见。

③传动轴：只受转矩不受弯矩或受很小弯矩的轴。车床上的光轴、连接汽车发动机输出轴和后桥的轴，均是传动轴。

2) 轴的结构

轴主要由轴颈、轴头、轴身和轴肩、轴环构成，如图1-37所示。

(2) 轴上零件的固定

图1-37 轴的结构

1—轴颈；2—轴环；3—轴头；4—轴身；5—轴肩；6—轴承座；7—滚动轴承；8—齿轮；9—套筒；10—轴承盖；11—联轴器；12—轴端挡阻

轴上零件的固定可分为周向固定和轴向固定。

1）周向固定

不允许轴与零件发生相对转动的固定，称为周向固定。常用的固定方法有楔键连接、平键连接、花键连接和过盈配合连接等。

①楔键连接

楔键如图1-38（a）所示，沿键长一面制成1∶100斜度，在轴上平行于轴线开平底键槽，轮毂上制成1∶100斜度的键槽，装配时沿轴向将楔键打入键槽，依靠键的上下两面与键槽挤紧产生的摩擦力，将轴与轮毂连接在一起。键的两侧面与键槽之间留有间隙。

图 1-38　楔键连接

（a）楔键；（b）楔键连接

楔键连接方法简单，即使轴与轮毂之间有较大的间隙也能靠楔紧作用将轴与轮毂连成一体，但由于打入了楔键从而破坏了轴与轮毂的对中性，同时在有振动的场合下易松脱，所以楔键不适用于高速、精密的机械，只适用于低速轴上零件的连接。为防止键的钩头外伸，应加防护罩，如图1-38（b）所示，以免发生事故。

②平键连接

平键是一个截面为矩形的长六面体，键的两个侧面与键槽紧密配合，顶面与轮毂键槽间留有间隙，主要靠两侧面来传递扭矩，其连接方法见图 1-39（a）。平键制造简单、装拆方便，有较好的对中性，故应用普遍。当零件需沿轴向移动时，可用导向键（滑键）连接，如图 1-39（b）所示，导向键用螺钉固定在轴上，零件可以沿其两侧面顺轴向移动。

图 1-39 平键连接

（a）平键；（b）导向键

③花键连接

花键连接由花键轴与花键槽构成（图 1-40），常用传递大扭矩、要求有良好的导向性和对中性的场合。花键的齿形有矩形、三角形及渐开线齿形三种，矩形键加工方便，应用较广。

④过盈配合连接

过盈配合连接的特点是轴的实际尺寸比孔的实际尺寸大，安装时利用打入、压入、热套等方法将轮毂装在轴上，通常用于有振动、冲击和不需经常装拆的场合。

2）轴向固定

图 1-40 花键连接

43

不允许轴与零件发生相对的轴向移动的固定，称为轴向固定。常用的固定方法有轴肩、螺母、定位套筒和弹性挡圈等。

①轴肩，用于单方向的轴向固定。

②螺母，轴端或轴向力较大时可用螺母固定。为防止螺母松动，可采用双螺母或带翅垫圈。

③定位套筒，一般用于两个零件间距离较小的场合。

④弹性挡圈（卡环），当轴向力较小时，可采用弹性挡圈进行轴向定位，具有结构简单、紧凑等特点。

（3）轴承

轴承是用于支承轴颈的部件，它能保证轴的旋转精度，减小转动时轴与支承间的摩擦和磨损。根据轴承摩擦性质的不同，轴承可分为滑动轴承和滚动轴承两类。

1）滑动轴承

滑动轴承一般由轴承座、轴承盖、轴瓦和润滑装置等组成，如图1-41所示。

图1-41 滑动轴承

1—轴承座；2、3—轴瓦；4—轴承盖；5—润滑装置；6—轴颈

滑动轴承与轴之间的摩擦为滑动摩擦，其工作可靠、平稳且无噪声，润滑油具有吸振能力，故能受较大的冲击载荷，能用于高速运转，如能保持良好的润滑可以提高机器的传动效率。根据轴承的润滑状态，滑动轴承可分为非液体摩擦滑动轴承（动压轴承）和液体摩擦滑动轴承（静压轴承）两大类；按照所受载荷方向不同，可分为向心滑动轴承、推力滑动轴承和向心推力滑动轴承。

非液体摩擦滑动轴承是在轴颈和轴瓦表面，由于润滑油的吸

附作用而形成一层极薄的油膜,它使轴颈与轴瓦表面有一部分接触,另一部分被油膜隔开。一般常见的滑动轴承大都属于这一种。液体摩擦滑动轴承的油膜较厚,使接触面完全脱离接触,它的摩擦系数约为 0.001~0.008。这是一种比较理想的摩擦状态。由于这种轴承的摩擦状态要求较高,不易实现,因此只有在很重要的设备中才采用。

轴瓦是滑动轴承和轴接触的部分,是滑动轴承的关键元件。一般用青铜、减摩合金等耐磨材料制成,滑动轴承工作时,轴瓦与转轴之间要求有一层很薄的油膜起润滑作用。如果由于润滑不良,轴瓦与转轴之间就存在直接的摩擦,摩擦会产生很高的温度,虽然轴瓦是由于特殊的耐高温合金材料制成,但发生直接摩擦产生的高温仍然足以将其烧坏。轴瓦还可能由于负荷过大、温度过高、润滑油存在杂质或黏度异常等因素造成烧瓦。轴瓦分为整体式、剖分式和分块式三种,如图 1-42 所示。

图 1-42 轴瓦的结构
(a) 整体式轴瓦;(b) 剖分式轴瓦;(c) 分块式轴瓦

为了使润滑油能流到轴承整个工作表面上,轴瓦的内表面需开出油孔和油槽,油孔和油槽不能开在承受载荷的区域内,否则会降低油膜承载能力。油槽的长度一般取轴瓦宽度的 80%。

2) 滚动轴承

滚动轴承由内圈、外圈、滚动体和保持架组成,如图 1-43

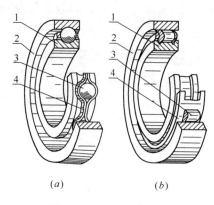

图 1-43 滚动轴承构造
(a) 滚珠轴承；(b) 滚柱轴承
1—内圈；2—外圈；3—滚动体；4—保持架

所示。一般内圈装在轴颈上，与轴一起转动，外圈装在机器的轴承座孔内固定不动。内外圈上设置有滚道，当内外圈相对旋转时，滚动体沿着滚道滚动。按照滚动体的形状不同，滚动轴承可分为滚珠轴承和滚柱轴承；若按轴承载荷的类型不同可分为向心轴承和推力轴承两大类。

滚动轴承有以下特点：

①由于滚动摩擦代替滑动摩擦，摩擦阻力小、起动快，效率高；

②对于同一尺寸的轴颈滚动轴承的宽度小，可使机器轴向尺寸小，结构紧凑；

③运转精度高，径向游隙比较小并可用预紧完全消除；

④冷却、润滑装置结构简单、维护保养方便；

⑤不需要用有色金属，对轴的材料和热处理要求不高；

⑥滚动轴承为标准化产品，统一设计、制造、大批量生产，成本低；

⑦点、线接触，缓冲、吸振性能较差，承载能力低，寿命低，易点蚀。

在安装滚动轴承时，应当注意以下事项：

①必须确保安装表面和安装环境的清洁，不得有铁屑、毛刺、灰尘等异物进入；

②用清洁的汽油或煤油仔细清洗轴承表面，除去防锈油，再涂上干净优质润滑油脂方可安装，全封闭轴承不须清洗加油；

③选择合适的润滑剂，润滑剂不得混用；

④轴承充填润滑剂的数量以充满轴承内部空间1/3～1/2为宜，高速运转时应减少到1/3；

⑤安装时切勿直接锤击轴承端面和非受力面，应以压块、套筒或其他安装工具使轴承均匀受力，切勿通过滚动体传动力安装。

(4) 联轴器

用来连接不同机构中的两根轴（主动轴和从动轴）使之共同旋转以传递扭矩的机械零件。在高速重载的动力传动中，有些联轴器还有缓冲、减振和提高轴系动态性能的作用。联轴器由两半部分组成，分别与主动轴和从动轴连接。一般动力机大都借助于联轴器与工作机相连接。常用的联轴器可分为刚性联轴器、弹性联轴器和安全联轴器三类。

1) 刚性联轴器

刚性联轴器是通过若干刚性零件将两轴连接在一起，可分为固定式和可移式两类。这类联轴器结构简单、成本较低，但对中性要求高，一般用于平稳载荷或只有轻微冲击的场合。

如图1-44所示，凸缘式联轴器是一种常见的刚性固定式联轴器。凸缘联轴器由两个带凸缘的半联轴器用键分别和两轴连在一起，再用螺栓把两半联轴器连成一体。凸缘联轴器有两种对中方法：一种是用半联轴器结合端面上的凸台与凹槽相嵌合来对中，如图1-44(a)所示；另一种是用部分环配合对中，如图1-44(b)所示。

如图1-45所示，滑块联轴器是一种常见的刚性移动式联轴器。它由两个带径向凹槽的半联轴器和一个两面具有相互垂直的凸榫的中间滑块所组成，滑块上的凸榫分别和两个半联轴器的凹槽相嵌合，构成移动副，故可补偿两轴间的偏移。为减少磨损、提高寿命和效率，在榫槽间需定期施加润滑剂。当转速较高时，

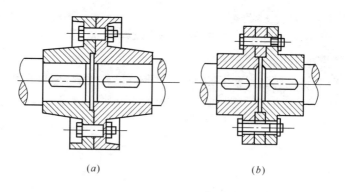

图 1-44 凸缘联轴器
(a) 凹槽配合；(b) 部分环配合

图 1-45 滑块联轴器
1—半联轴器；2—滑块；3—半联轴器

由于中间滑块的偏心将会产生较大的离心惯性力，给轴和轴承带来附加载荷，所以只适用于低速、冲击小的场合。

2）弹性联轴器

弹性联轴器种类繁多，它具有缓冲吸振，可补偿较大的轴向位移，微量的径向位移和角位移的特点，用在正反向变化多、启动频繁的高速轴上。如图 1-46 所示，是一种常见的弹性联轴器，它由两个半联轴器、柱销和胶圈组成。

3）安全联轴器

安全联轴器有一个只能承受限定载荷的保险环节，当实际载荷超过限定的载荷时，保险环节就发生变化，截断运动和动力的传递，从而保护机器的其余部分不致损坏。

图 1-46 弹性联轴器

1.3.4 螺栓连接和销连接

(1) 螺栓连接

螺栓是由头部和螺杆（带有外螺纹的圆柱体）两部分组成的一类紧固件，需与螺母配合，用于紧固连接两个带有通孔的零件。这种连接形式称为螺栓连接，属于可拆卸连接。

按连接的受力方式，可分为普通螺栓和铰制孔用螺栓。铰制孔用螺栓要和孔的尺寸配合，主要用于承受横向力。按头部形状，可分为六角头、圆头、方形头和沉头螺栓等，其中六角头螺栓是最常用的一种。按照螺栓性能等级，分为高强度螺栓和普通螺栓。

(2) 销连接

销连接用来固定零件间的相互位置，也可用于轴和轮毂或其他零件的连接以传递较小的载荷，有时还用作安全装置中的过载剪切元件。

销主要用来固定零件之间的相对位置，起定位作用，也可用于轴与轮毂的连接，传递不大的载荷，还可作为安全装置中的过载剪断元件。圆柱销和圆锥销两种。

1）销的分类

销是标准件，其基本形式有圆柱销和圆锥销两种。

圆柱销连接不宜经常装拆，否则会降低定位精度或连接的紧固性。如图 1-47 所示。

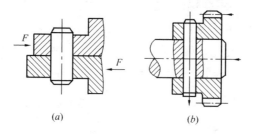

图 1-47 圆柱销

圆锥销有 1∶50 的锥度，小头直径为标准值。圆锥销易于安装，定位精度高于圆柱销。如图 1-48 所示。

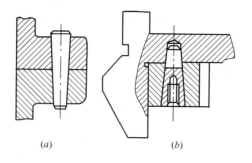

图 1-48 圆锥销

圆柱销和圆锥销孔均需铰制。铰制的圆柱销孔直径有四种不同配合精度，可根据使用要求选择。

2）销的选择。用于连接的销，可根据连接的结构特点按经验确定直径，必要时再作强度校核；定位销一般不受载荷或受很小载荷，其直径按结构确定，数目不得少于两个；安全销直径按销的剪切强度进行计算。销的材料一般采用 35 号或 45 号钢。

1.4 钢结构基础知识

1.4.1 钢结构的特点

钢结构是由钢板、热轧型钢、薄壁型钢和钢管等构件通过焊接、铆接和螺栓、销轴等形式连接而成的能承受和传递荷载的结构形式，是建筑起重机械的重要组成部分。钢结构与其他结构相比，具有以下特点：

(1) 坚固耐用、安全可靠。钢结构具有足够的承载力、刚度和稳定性以及良好的机械性能。

(2) 自重小、结构轻巧。钢结构具有体积小、厚度薄、重量轻的特点，便于运输和装拆。

(3) 材质均匀。钢材内部组织比较均匀，力学性能接近各向同性，计算结果比较可靠。

(4) 韧性较好，适应在动力载荷下工作。

(5) 易加工。钢结构所用材料以型钢和钢板为主，加工制作简便，准确度和精密度都较高。

但钢结构与其他结构相比，也存在抗腐蚀性能和耐火性能较差，以及在低温条件下易发生脆性断裂等缺点。

1.4.2 钢结构的材料

(1) 钢结构所使用的钢材应当具有较高的强度、塑性、韧性和耐久性好，焊接性能优良、易于加工制造，抗锈性好等。

(2) 钢结构所采用的材料一般为 Q235 钢、Q345 钢。

普通碳素钢 Q235 系列钢，强度、塑性、韧性及可焊性都比较好，是建筑起重机械使用的主要钢材。

低合金钢 Q345 系列钢，是在普通碳素钢中加入少量的合金元素炼成的。其力学性能好，强度高，对低温的敏感性不高，耐腐蚀性能较强，焊接性能也好，用于受力较大的结构中可节省钢材，减轻结构自重。

（3）钢材的规格：

型钢和钢板是制造钢结构的主要钢材。钢材有热轧成型及冷轧成型两类。热轧成型的钢材主要有型钢及钢板，冷轧成型的有薄壁型钢及钢管。

按照国家标准规定，型钢和钢板均具有相关的断面形状和尺寸。

1）热轧钢板

厚钢板，厚度 4.5～60mm，宽度 600～3000mm，长 4～12m；

薄钢板，厚度 0.35～4.0mm，宽度 500～1500mm，长 1～6m；

扁钢，厚度 4.0～60mm，宽度 12～200mm，长 3～9m；

花纹钢板，厚度 2.5～8mm，宽度 600～1800mm，长 4～12m。

2）角钢

分等肢与不等肢两种。角钢是以其肢宽（cm）来编号的，例如 10 号角钢的两个肢宽均为 100mm；10/8 号角钢的肢宽分别为 100mm 和 80mm。同一号码的角钢厚度可以不同，我国生产的角钢的长度一般为 4～19m。

3）槽钢

分普通槽钢和普通低合金轻型槽钢。其型号是以截面高度（cm）来表示的。例如 20 号槽钢的断面高度均为 20cm。我国生产的槽钢一般长度为 5～19m，最大型号为 40 号。

4）工字钢

分普通工字钢和普通低合金工字钢。因其腹板厚度不同，可分为 a、b、c 三类，型号也是用截面高度（cm）来表示的。我国生产的工字钢长度一般为 5～19m，最大型号 63 号。

5）钢管

规格以外径表示，我国生产的无缝钢管外径约 38～325mm，壁厚 4～40mm，长度 4～12.5m。

6）H 型钢

H 型钢规格以高度（mm）×宽度（mm）表示，目前生产的 H 型钢规格 100mm×100mm 至 800mm×300mm 或宽翼 427mm×400mm，厚度（指主筋壁厚）6～20mm，长度 6～18m。

7）冷弯薄壁型钢

冷弯薄壁型钢是用冷轧钢板、钢带或其他轻合金材料在常温下经模压或弯制冷加工而成的。用冷弯薄壁型钢制成的钢结构，重量轻，省材料，截面尺寸又可以自行设计，目前在轻型建筑结构中已得到应用。

（4）钢材的特性

1）在单向应力下钢材的塑性

钢材的主要强度指标和多项性能指标是通过单向拉伸试验获得的。试验一般是在标准条件下进行的，即采用符合国家标准规定形式和尺寸的标准试件，在室温 20℃ 左右，按规定的加载速度在拉力试验机上进行。

如图 1-49 所示，为低碳钢的一次拉伸应力—应变曲线。钢材具有明显的弹性阶段、弹塑性阶段、塑性阶段及应变硬化阶段。

在弹性阶段，钢材的应力与应变成正比，服从虎克定律。这时变形属弹性变形。当应力释放后，钢材能够恢复原状。弹性阶段是钢材工作的主要阶段。

在弹塑性阶段、塑性阶段，应力不再上升而变形发展很快。

图 1-49 低碳钢的一次拉伸应力－应变曲线

当应力释放之后，将遗留不能恢复的变形。这种变形属弹塑性、塑性变形。这种过大的永久变形虽不是结构的真正破坏，但却使它丧失正常工作能力。因此，在建筑机械的结构计算中，把屈服点 σ_s 近似地看成钢材由弹性变形转入塑性变形的转折点，并叫做钢结构容许达到的极限应力。对于受拉杆件，只允许在 σ_s 以下的范围内工作。

在应变硬化阶段，当继续加载时，钢材的强度又有显著提高，塑性变形也显著增大（应力与应变已不服从虎克定律），随后将会发生破坏，钢材真正破坏时的强度为抗拉强度 σ_b。

由此可见，从屈服点到破坏，钢材仍有着较大的强度储备，从而增加了结构的可靠性。

钢材在发展到很大的塑性变形之后才出现的破坏，称为塑性破坏。结构在简单的拉伸、弯曲、剪切和扭转的情况下工作时，通常是先发展塑性变形，而后才导致破坏。由于钢材达到塑性破坏时的变形比弹性变形大得多。因此，在一般情况下钢结构产生塑性破坏的可能性不大。即便出现这种情形，事前也易被察觉，能对结构及时采取补强工作。

2）钢材的脆性

脆性破坏的特征是在破坏之前钢材的塑性变形很不明显，有时甚至是在应力小于屈服点的情况下突然发生，这种破坏形式对结构的危害比较大。影响钢材脆断的因素是多方面的：

(a) 低温的影响

当温度到达某一低温后，钢材就处于脆性状态，冲击韧性很不稳定。钢种不同，冷脆温度也不同。

(b) 应力集中的影响

如钢材存在缺陷（气孔、裂纹、夹杂等），或者结构具有孔洞、开槽、凹角、厚度变化以及制造过程中带来的损伤，都会导致材料截面中的应力不再保持均匀分布，在这些缺陷、孔槽或损伤处，将产生局部的高峰应力，形成应力集中。

(c) 加工硬化（残余应力）的影响

钢材经过了弯曲、冷压、冲孔和剪裁等加工之后，会产生局部或整体硬化，降低塑性和韧性，加速时效变脆，这种现象称加工硬化（或冷作硬化）。

热轧型钢在冷却过程中，在截面突变处如尖角、边缘及薄细部位，率先冷却，其他部位渐次冷却，先冷却部位约束阻止后冷却部位的自由收缩，产生复杂的热轧残余应力分布。不同形状和尺寸规格的型钢残余应力分布不同。

(d) 焊接的影响

钢结构的脆性破坏，在焊接结构中常常发生。焊接引起钢材变脆的原因是多方面的，其中主要是焊接温度的影响。由于焊接时焊缝附近的温度很高，在热影响区域，经过高温和冷却的过程，使钢材的组织构造和机械性能起了变化，促使钢材脆化。钢材经过气割或焊接后，由于不均匀的加热和冷却，将引起残余应力。残余应力是自相平衡的应力，退火处理后可部分乃至全部消除。

3) 钢材的疲劳性

钢材在连续反复荷载作用下，虽然应力还低于抗拉强度甚至屈服点，也会发生破坏，这种破坏属疲劳破坏。

疲劳破坏属于一种脆性破坏。疲劳破坏时所能达到的最大应力,将随荷载重复次数的增加而降低。钢材的疲劳强度通过疲劳试验来确定,各类起重机都有其规定的荷载疲劳循环次数尚不破坏的应力值为其疲劳强度。

影响钢材疲劳强度的因素相当复杂,它与钢材种类、应力大小变化幅度、结构的连接和构造情况等有关。建筑机械的钢结构多承受动力荷载,对于重级以及个别中级工作类型的机械,须考虑疲劳的影响,并作疲劳强度的计算。

1.4.3 钢结构的连接

钢结构通常是由多个杆件以一定的方式相互连接而组成的。常用的连接方法有焊接连接、螺栓连接与铆接连接等。

(1) 焊接连接

焊接连接广泛应用于不可拆卸连接。其构造简单,加工简便,省工省料,适用范围广,易于实行自动化作业,是建筑机械钢结构中最主要且最普遍的连接方法。焊接连接的主要缺点是易引起结构的残余变形与内应力,质量检验较复杂,对钢材的质量要求也较高。

钢结构采用的焊接方式主要有自动焊、半自动焊及手工电弧焊。自动焊的生产效率高,主要适用专业化的工厂生产制作,在有一定条件的施工现场也可以生产。自动焊主要的焊接形式为埋弧焊、气体保护焊等。手工电弧焊作业操作灵活,适用于在施工现场实地制作生产。

钢结构钢材之间的焊接形式主要有正接填角焊缝、搭接填角焊缝、对接焊缝、边缘焊缝及塞焊缝等,如图 1-50 所示。

(2) 螺栓连接

螺栓连接广泛应用于可拆卸连接。螺栓连接分普通螺栓连接

图 1-50 钢结构的焊接形式

(a) 正接填角焊缝；(b) 搭接填角焊缝；(c) 对接焊缝；
(d) 边缘焊缝；(e) 塞焊缝

1—双面式；2—单面式；3—插头式；4—单面对接；5—双面对接

与高强度螺栓连接。

1) 普通螺栓连接

普通螺栓连接分为精制螺栓（A级与B级）和粗制螺栓（C级）连接。

普通螺栓材质一般采用Q235钢。普通螺栓的强度等级为3.6～6.8级，直径为3～64mm。

2) 高强度螺栓连接

高强度螺栓是钢结构连接的重要零件。高强度螺栓副应符合《紧固件机械性能螺栓、螺钉和螺柱》（GB/T 3098.1）和《紧固件机械性能螺母　粗牙螺纹》（GB/T 3098.2）的规定，并应有性能等级符合标识及合格证书。

①高强度螺栓的等级和分类

高强度螺栓按强度可分为8.8、9.8、10.9和12.9四个等级，直径一般为12～42mm，按受力状态可分为抗剪螺栓和抗拉螺栓。

②高强度螺栓的预紧力

高强度螺栓的预紧力矩是保证螺栓连接质量的重要指标，它综合体现了螺栓、螺母和垫圈组合的安装质量。在进行钢结构安装时必须按规定的预紧力矩数值拧紧。常用的高强度螺栓预紧力和预紧扭矩见表1-7。

表 1-7 常用的高强度螺栓预紧力和预紧扭矩

螺栓性能等级			8.8			9.8			10.9		
螺栓材料屈服强度 (N/mm^2)			640			720			900		
公称应力截面积 A_s	螺纹最小截面积 A_g		预紧力 F_{sp}	理论预紧扭矩 M_{ap}	实际使用预紧扭矩 $M=0.9M_{sp}$	预紧力 F_{sp}	理论预紧扭矩 M_{ap}	实际使用预紧扭矩 $M=0.9M_{sp}$	预紧力 F_{sp}	理论预紧扭矩 M_{ap}	实际使用预紧扭矩 $M=0.9M_{sp}$
mm^2			N	N·m	N·m	N	N·m	N·m	N	N·m	N·m
螺纹规格 mm											
18	192	175	88000	290	260	99000	325	292	124000	405	365
20	245	225	114000	410	370	128000	462	416	160000	580	520
22	303	282	141000	550	500	158000	620	558	199000	780	700
24	353	324	164000	710	640	184000	800	720	230000	1000	900
27	459	427	215000	1050	950	242000	1180	1060	302000	1500	1350
30	561	519	262000	1450	1300	294000	1620	1460	368000	2000	1800
33	694	647	326000	由实验决定		365000	由实验决定		458000	由实验决定	
36	817	759	328000			430000			538000		
39	976	913	460000			517000			646000		
42	1120	1045	526000			590000			739000		
45	1300	1224	614000			690000			863000		
48	1470	1377	692000			778000			973000		

③高强度螺栓的使用

（a）使用前，应对高强度螺栓进行全面检查，核对其规格、等级标志，检查螺栓、螺母及垫圈有无损坏，其连接表面应清除灰尘、油漆、油迹和锈蚀。

（b）螺栓、螺母、垫圈配合使用时，高强度螺栓绝不允许采用弹簧垫圈，必须使用平垫圈，塔身高强度螺栓必须采用双螺母防松。

（c）应使用力矩扳手或专用扳手，按使用说明书要求拧紧。

（d）高强度螺栓安装穿插方向宜采用自下而上穿插，即螺母在上面。

（e）高强度螺栓、螺母使用后拆卸再次使用，一般不得超过二次。

（f）拆下将再次使用的高强度螺栓的螺杆、螺母必须无任何损伤、变形、滑牙、缺牙、锈蚀及螺栓粗糙度变化较大等现象，反之则禁止用于受力构件的连接。

（3）铆接连接

铆接连接因制造费工费时，用料较多及结构重量较大，现已很少采用。只有在钢材的焊接性能较差时，或在主要承受动力载荷的重型结构中才采用（如：桥梁、吊车梁等）。建筑机械的钢结构一般不用铆接连接。

1.4.4 桁架结构

所谓的桁架是指由直杆组成的一般具有三角形单元的平面或空间结构。在荷载作用下，桁架杆件主要承受轴向拉力或压力，从而能充分利用材料的强度，在跨度较大时可比实腹梁节省材料，减轻自重和增大刚度，故适用于较大跨度的承重结构和高耸结构，如屋架、桥梁、输电线路塔、卫星发射塔、水工闸门和起重机架等。

建筑起重机械的架体无论采用杆件现场拼装还是标准节连接，也不论是采用方形还是三角形断面，通常都属于桁架结构，由4根或3根主肢和若干缀板（条）组成，也称为格构柱构造，如图1-51所示。

图1-51 格构式桁架柱

桁架按外形分有三角形桁架、梯形桁架、多边形桁架、平行弦桁架和空腹桁架。钢桁架杆件的连接方式有铆钉、销钉及焊缝等形式，桁架结构有以下结构特点：

（1）足够承载力，通常不发生断裂或塑性变形；

（2）足够刚性，一般不发生过大的弹性变形；

（3）足够稳定性，不易发生因平衡形式的突然转变而导致坍塌；

（4）良好的动力学特性，具有较好的抗震、抗风性；

（5）如图1-52所示，桁架中的杆件大部分只受轴向拉力和压力，各节点可假设为铰接，次应力可不计算，通过对上下弦杆和腹杆的合理布置，可适应结构内部的弯矩和剪力分布。

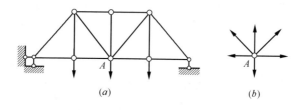

图1-52 桁架的节点杆件的受力情况
（a）桁架所受外力；（b）节点A的内力

2 起重吊装常用器具

2.1 钢丝绳

钢丝绳是起重作业中必备的重要部件,广泛用于捆绑物体以及起重机的起升、牵引、缆风等。钢丝绳通常由多根钢丝捻成绳股,再由多股绳股围绕绳芯捻制而成,具有强度高、自重轻、弹性大等特点,能承受振动荷载,能卷绕成盘,能在高速下平稳运动且噪声小。

2.1.1 钢丝绳分类与标记

(1) 钢丝绳分类

按《重要用途钢丝绳》(GB 8918—2006),钢丝绳分类如下:

1) 按绳和股的断面、股数和股外层钢丝绳的数目分类,见表2-1。

施工现场起重作业一般使用圆股钢丝绳,常见的断面形式如图2-1、图2-2所示。

2) 钢丝绳按捻法,分为右交互捻(ZS)、左交互捻(SZ)、右同向捻(ZZ)和左同向捻(SS)四种,如图2-3所示。

3) 钢丝绳按绳芯不同,分为纤维芯和钢芯。纤维芯钢丝绳比较柔软,易弯曲,纤维芯可浸油作润滑、防锈,减少钢丝间的摩擦;金属芯的钢丝绳耐高温、耐重压,硬度大、不易弯曲。

钢 丝 绳 分 类

表 2-1

组别	类别		分类原则	典型结构		直径范围(mm)
				钢丝绳	股绳	
1	6×7		6个圆股,每股外层丝可到7根,中心丝(或无)外捻制1~2层钢丝,钢丝等捻距	6×7 6×9W	(6+1) (3/3+3)	2~36 14~36
2	圆股钢丝绳	6×19(a)	8~12根,中心丝外捻制2~3层钢丝,钢丝等捻距	6×19S 6×19W 6×25Fi 6×26WS 6×31WS	(9+9+1) (6/6+6+1) (12+6F+6+1) (10+5/5+5+1) (12+6/6+6+1)	6~36 6~41 14~44 13~41 12~46
		6×19(b)	6个圆股,每股外层丝12根,中心丝外捻制2层钢丝	6×19	(12+6+1)	3~46
3		6×37(a)	14~18根,中心丝外捻制3~4层钢丝,钢丝等捻距	6×29Fi 6×36SW 6×37S(点线接触) 6×41SW 6×49SWS 6×55SWS	(14+7F+7+1) (14+7/7+7+1) (15+15+6+1) (16+8/8+8+1) (16+8/8+8+1) (18+9/9+9+9+1)	10~44 12~60 10~60 32~60 36~60 36~64
		6×37(b)	6个圆股,每股外层丝8根,中心丝外捻制3层钢丝	6×37	(18+12+6+1)	5~66

续表

组别	类别	分类原则	典型结构 钢丝绳	典型结构 股绳	直径范围 (mm)
4	8×19	8个圆股,每股外层丝可到层钢丝,钢丝等捻距 8~12根,中心丝外捻制2~3	8×19S	(9+9+1)	11~44
			8×19W	(6/6+6+1)	10~48
			8×25Fi	(12+6F+6+1)	18~52
			8×26SW	(10+5/5+6+1)	16~48
			8×31SW	(12+6/6+6+1)	14~56
5	8×37	8个圆股,每股外层丝可到层钢丝,钢丝等捻距 14~18根,中心丝外捻制3~4	8×36SW	(14+7/7+7+1)	14~60
			8×41SW	(16+8/8+8+1)	40~56
			8×49SWS	(16+8/8+8+8+1)	44~64
			8×55SWS	(16+9/9+9+9+1)	44~4
6	17×7	钢丝绳中有17个或18个圆股,在纤维芯或钢芯外捻制2层股	17×7	(6+1)	6~44
			18×7	(6+1)	6~44
			18×19W	(6/6+6+1)	14~44
			18×19S	(9+9+1)	14~44
			18×19	(12+6+1)	10~44
7	34×7	钢丝绳中有34个或36个圆股,在纤维芯或钢芯外捻制3层股	34×7	(6+1)	16~44
			36×7	(6+1)	16~44
8	6×24	6个圆股,每股外层丝12—16根丝,在纤维芯外捻制2层股	6×24	(15+9+FC)	8~40
			6×24S	(12+12+FC)	10~44
			6×24W	(8/8+8+FC)	10~44

圆股钢丝绳

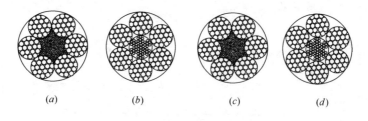

图 2-1 6×19 钢丝绳断面图

(a) 6×19S+FC；(b) 6×19S+IWR；(c) 6×19W+FC；(d) 6×19W+IWR

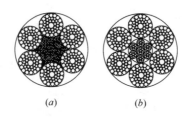

图 2-2 6×37S 钢丝绳断面图

(a) 6×37S+FC；(b) 6×37S+IWR

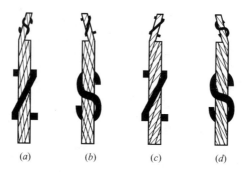

图 2-3 钢丝绳按捻法分类

(a) 右交互捻；(b) 左交互捻；(c) 右同向捻；(d) 左同向捻

(2) 钢丝绳标记

根据《钢丝绳术语、标记和分类》(GB/T 8706—2006)，钢丝绳的标记格式如图 2-4 所示。

图 2-4 钢丝绳的标记示例

2.1.2 钢丝绳的计算与选用

(1) 安全系数

在钢丝绳受力计算和选择钢丝绳时，考虑到钢丝绳受力不均、负荷不准确、计算方法不精确和使用环境较复杂等一系列不利因素，应给予钢丝绳一个储备能力。因此确定钢丝绳的受力时必须考虑一个系数，作为储备能力，这个系数就是钢丝绳的安全系数。起重用钢丝绳必须预留足够的安全系数，是基于以下因素确定的：

1) 钢丝绳的磨损、疲劳破坏、锈蚀、不恰当使用、尺寸误差和制造质量缺陷等不利因素带来的影响；

2) 钢丝绳的固定强度达不到钢丝绳本身的强度；

3) 由于惯性及加速作用（如启动、制动、振动等）而造成的附加载荷的作用；

4) 由于钢丝绳通过滑轮槽时的摩擦阻力作用；

5) 吊重时的超载影响；

6)吊索及吊具的超重影响;

7)钢丝绳在绳槽中反复弯曲而造成的危害的影响。

钢丝绳的安全系数是不可缺少的安全储备,绝不允许凭借这种安全储备而擅自提高钢丝绳的最大允许安全载荷,钢丝绳的安全系数见表 2-2。

钢丝绳的安全系数 表 2-2

用 途	安全系数	用 途	安全系数
作缆风	3.5	作吊索、无弯曲时	6~7
用于手动起重设备	4.5	作捆绑吊索	8~10
用于机动起重设备	5~6	用于载人的升降机	14

(2)钢丝绳的允许拉力计算

钢丝绳的允许拉力是钢丝绳实际工作中所允许的实际载荷,其与钢丝绳的最小破断拉力和安全系数关系式为:

$$[F] = \frac{F_0}{K} \tag{2-1}$$

式中 $[F]$——钢丝绳允许拉力(kN);

F_0——钢丝绳最小破断拉力(kN);

K——钢丝绳的安全系数。

【**例 2-1**】 一规格为 $6 \times 19S + FC$,钢丝绳的公称抗拉强度 1570MPa,直径为 16mm 的钢丝绳,试确定使用单根钢丝绳作捆绑吊索所允许吊起的重物的最大重量。

【**解**】 已知钢丝绳规格为 $6 \times 19S + FC$,$R_0 = 1570\text{MPa}$,$D = 16\text{mm}$。

查《重要用途钢丝绳》(GB 8918—2006)表 10 可知,$F_0 = 133\text{kN}$。

根据题意,该钢丝绳属于用作捆绑吊索,查表 2-2 知,$K = 8$,根据式(2-1),得

$$[F] = \frac{F_0}{K} = \frac{133}{8} = 16.625\text{kN}$$

该钢丝绳作捆绑吊索所允许吊起的重物的最大重量为 16.625kN。

在起重作业中，钢丝绳所受的应力很复杂，虽然可用数学公式进行计算，但因实际使用场合下计算时间有限，且也没有必要算得十分精确。因此人们常用估算法：

使用允许拉力

$$P \approx \frac{50D^2}{K} \qquad (2\text{-}2)$$

式中　P——钢丝绳使用近似允许拉力（kgf）；
　　　D——钢丝绳直径（mm）；
　　　K——钢丝绳的安全系数。

【例 2-2】 选用一根直径为 16mm 的钢丝绳，用于吊索，设定安全系数为 8，试问它的允许使用拉力为多少？

【解】 已知 $D=16$mm，$K=8$，根据式（2-2），得

$$P \approx \frac{50D^2}{K} = \frac{50 \times 16^2}{8} = 1600\text{kgf}$$

该钢丝绳的允许使用拉力为 1600kgf。

（3）选用原则

钢丝绳的选用应遵循下列原则：

1）能承受所要求的拉力，保证足够的安全系数；

2）能保证钢丝绳受力不发生扭转；

3）耐疲劳，能承受反复弯曲和振动作用；

4）有较好的耐磨性能；

5）与使用环境相适应：高温或多层缠绕的场合宜选用金属芯；高温、腐蚀严重的场合宜选用石棉芯；有机芯易燃，不能用于高温场合。

6）必须有产品检验合格证。

（4）钢丝绳的存储

1) 运输过程中，应注意不要损坏钢丝绳表面。

2) 绳应储存于干燥而有木地板或沥青、混凝土地面的仓库里，以免腐蚀。在堆放时，成卷的钢丝绳应竖立放置（即卷轴与地面平行），不得平放。

3) 必须在露天存放时，地面上应垫木方，并用防水毡布覆盖。

（5）钢丝绳的松卷

1) 在整卷钢丝绳中引出一个绳头并拉出一部分重新盘绕成卷时，松绳的引出方向和重新盘绕成卷的绕行应保持一致，不得随意抽取，以免形成圈套和死结。如图2-5所示。

图 2-5 钢丝绳的松卷

2) 当由钢丝绳卷直接往起升机构卷筒上缠绕时，应把整卷钢丝绳架在专用的支架上，松卷时的旋转方向应与起升机构卷筒上绕绳的方向一致；卷筒上绳槽的走向应同钢丝绳的捻向相适应。

3) 在钢丝绳松卷和重新缠绕过程中，应避免钢丝绳与污泥接触，以防止钢丝绳生锈。

4) 钢丝绳严禁与电焊线碰触。

（6）钢丝绳的截断

在截断钢丝绳时，宜使用专用刀具或砂轮锯截断，较粗钢丝绳可用乙炔切割。如图 2-6 所示，截断钢丝绳时，要在截分处进行扎结，扎结绕向必须与钢丝绳股的绕向相反，扎结须紧固，以免钢丝绳在断头处松开。

图 2-6 钢丝绳的扎结与截断

缠扎宽度随钢丝绳直径大小而定，直径为 15～24mm，扎结宽度应不小于 25mm；对直径为 25～30mm 的钢丝绳，其缠扎宽度应不小于 40mm；对于直径为 31～44mm 钢丝绳，其扎结宽度不得小于 50mm；直径为 45～51mm 的钢丝绳，扎结长度不得小于 75mm。扎结处与截断口之间的距离应不小于 50mm。

（7）钢丝绳的穿绕

钢丝绳的使用寿命，在很大程度上取决于穿绕方式是否正确，因此，要由训练有素的技工细心地进行穿绕，并应在穿绕时将钢丝绳涂满润滑脂。

穿绕钢丝绳时，必须注意检查钢丝绳的捻向。如起升钢丝绳的捻向必须与起升卷筒上的钢丝绳绕向相反。

2.1.3 钢丝绳的固定与连接

钢丝绳与其他零构件连接或固定应注意连接或固定方式与使用要求相符，连接或固定部位应达到相应的强度和安全要求。常用的连接和固定方式有以下几种，如图 2-7 所示。

（1）编结连接，如图 2-7（a）所示，编结长度不应小于钢丝绳直径的 15 倍，且不应小于 300mm；连接强度不小于 75% 钢丝绳破断拉力。

（2）楔块、楔套连接，如图 2-7（b）所示，钢丝绳一端绕过

图 2-7 钢丝绳固接
(a) 编结连接；(b) 楔块、楔套连接；(c)、(d) 锥形套浇铸法；
(e) 绳夹连接；(f) 铝合金套压缩法

楔块，利用楔块在套筒内的锁紧作用使钢丝绳固定。固定处的强度约为绳自身强度的 75%～85%。楔套应用钢材制造，连接强度不小于 75% 钢丝绳破断拉力。

（3）锥形套浇铸法，如图 2-7（c）、（d）所示，先将钢丝绳拆散，切去绳芯后插入锥套内，再将钢丝绳末端弯成钩状，然后灌入熔融的铅液，最后经过冷却即成。

（4）绳夹连接，如图 2-7（e）所示，绳夹连接简单、可靠，被广泛应用。用绳夹（图 2-8）固定时，应注意绳夹数量、绳夹间距、绳夹的方向和固定处的强度；连接强度不小于 85% 钢丝绳破断拉力；

图 2-8 钢丝绳夹

绳夹数量应根据钢丝绳直径满足表 2-3 的要求；绳卡压板应在钢丝绳长头一边，绳卡间距不应小于钢丝绳直径的 6 倍。

钢丝绳夹数量　　　　　表 2-3

绳夹规格（钢丝绳直径，mm）	≤18	18～26	26～36	36～44	44～60
绳夹最少数量（个）	3	4	5	6	7

（5）铝合金套压缩法，如图 2-7（f）所示，钢丝绳末端穿过锥形套筒后松散钢丝，将头部钢丝弯成小钩，浇入金属液凝固而成。其连接应满足相应的工艺要求，固定处的强度与钢丝绳自身的强度大致相同。

2.1.4 钢丝绳的使用要求

（1）钢丝绳在卷筒上，应按顺序整齐排列。

（2）载荷由多根钢丝绳支承时，应设有各根钢丝绳受力的均衡装置。

（3）起升机构和变幅机构，不得使用编结接长的钢丝绳。使用其他方法接长钢丝绳时，必须保证接头连接强度不小于钢丝绳破断拉力的 90%。

（4）起升高度较大的起重机，宜采用不旋转、无松散倾向的钢丝绳。采用其他钢丝绳时，应有防止钢丝绳和吊具旋转的装置或措施。

（5）当吊钩处于工作位置最低点时，钢丝绳在卷筒上的缠绕，除固定绳尾的圈数外，必须不少于 3 圈。

（6）应防止损伤、腐蚀或其他物理、化学因素造成的性能降低。

（7）钢丝绳开卷时，应防止打结或扭曲；钢丝绳切断时，应有防止绳股散开的措施。

(8) 安装钢丝绳时，不应在不洁净的地方拖线，也不应缠绕在其他的物体上，应防止划、磨、碾、压和过度弯曲。

(9) 领取钢丝绳时，必须检查该钢丝绳的合格证，以保证机械性能、规格符合设计要求。

(10) 对日常使用的钢丝绳每天都应进行检查，包括对端部的固定连接、平衡滑轮处的检查，并作出安全性的判断。

2.1.5 钢丝绳的检验检查

由于起重钢丝绳在使用过程中经常反复受到拉伸、弯曲，当拉伸、弯曲的次数超过一定数值后，会使钢丝绳出现一种叫"金属疲劳"的现象，于是钢丝绳开始很快地损坏。同时当钢丝绳受力伸长时钢丝绳之间产生摩擦，绳与滑轮槽底、绳与起吊件之间的摩擦等，使钢丝绳使用一定时间后就会出现磨损、断丝现象。此外，由于使用、贮存不当，也可能造成钢丝绳的扭结、退火、变形、锈蚀、表面硬化和松捻等。钢丝绳在使用期间，一定要按规定进行定期检查，及早发现问题，及时保养或者更换报废，保证钢丝绳的安全使用。钢丝绳的检查包括外部检查与内部检查两部分。

(1) 钢丝绳外部检查

1) 直径检查：直径是钢丝绳极其重要的参数。通过对直径测量，可以反映该处直径的变化速度、钢丝绳是否受到过较大的冲击载荷、捻制时股绳张力是否均匀一致、绳芯对股绳是否保持了足够的支撑能力。钢丝绳直径应用带有宽钳口的游标卡尺测量。其钳口的宽度要足以跨越两个相邻的股，如图 2-9 所示。

图 2-9 钢丝绳直径测量方法

2) 磨损检查：钢丝绳在使用

过程中产生磨损现象不可避免。通过对钢丝绳磨损检查,可以反映出钢丝绳与匹配轮槽的接触状况,在无法随时进行性能试验的情况下,根据钢丝磨损程度的大小推测钢丝绳实际承载能力。钢丝绳的磨损情况检查主要靠目测。

3)断丝检查:钢丝绳在投入使用后,肯定会出现断丝现象,尤其是到了使用后期,断丝发展速度会迅速上升。由于钢丝绳在使用过程中不可能一旦出现断丝现象即停止继续运行,因此,通过断丝检查,尤其是对一个捻距内断丝情况检查,不仅可以推测钢丝绳继续承载的能力,而且根据出现断丝根数发展速度,间接预测钢丝绳使用疲劳寿命。钢丝绳的断丝情况检查主要靠目测计数。

4)润滑检查:通常情况下,新出厂钢丝绳大部分在生产时已经进行了润滑处理,但在使用过程中,润滑油脂会流失减少。鉴于润滑不仅能够对钢丝绳在运输和存储期间起到防腐保护作用,而且能够减少钢丝绳使用过程中钢丝之间、股绳之间和钢丝绳与匹配轮槽之间的摩擦,对延长钢丝绳使用寿命十分有益,因此,为把腐蚀、摩擦对钢丝绳的危害降低到最低程度,进行润滑检查十分必要。钢丝绳的润滑情况检查主要靠目测。

(2)钢丝绳内部检查

对钢丝绳进行内部检查要比进行外部检查困难得多,但由于内部损坏(主要由锈蚀和疲劳引起的断丝)隐蔽性更大,因此,为保证钢丝绳安全使用,必须在适当的部位进行内部检查。

如图2-10所示,检查时将两个尺寸合适的夹钳相隔100~200mm夹在钢丝绳上反方向转动,股绳便会脱起。操作时,必须十分仔细,以避免股绳被过度移位造成永久变形(导致钢丝绳结构破坏)。

如图2-11所示,小缝隙出现后,用螺钉旋具之类的探针拨动股绳并把妨碍视线的油脂或其他异物拨开,对内部润滑、

图 2-10　对一段连续钢丝绳作内部检验（张力为零）

钢丝锈蚀、钢丝及钢丝间相互运动产生的磨痕等情况进行仔细检查。检查断丝，一定要认真，因为钢丝断头一般不会翘起而不容易被发现。检查完毕后，稍用力转回夹钳，以使股绳完全恢复到原来位置。如果上述过程操作正确，钢丝绳不会变形。对靠近绳端的绳段特别是对固定钢丝绳应加以注意，诸如支持绳或悬挂绳。

图 2-11　对靠近绳端装置的钢丝绳尾
部作内部检验（张力为零）

（3）钢丝绳使用条件检查

前面叙述的检查仅是对钢丝绳本身而言，这只是保证钢丝绳安全使用要求的一个方面。除此之外，还必须对与钢丝绳使用的外围条件——匹配轮槽的表面磨损情况、轮槽几何尺寸及转动灵活性进行检查，以保证钢丝绳在运行过程中与其始终处于良好的接触状态、运行摩擦阻力最小。

2.1.6 钢丝绳的报废

钢丝绳经过一定时间的使用，其表面的钢丝发生磨损和弯曲疲劳，使钢丝绳表层的钢丝逐渐折断，折断的钢丝数量越多，其他未断的钢丝承担的拉力越大，疲劳与磨损愈甚，促使断丝速度加快，这样便形成恶性循环。当断丝发展到一定程度，保证不了钢丝绳的安全性能，届时钢丝绳不能继续使用，则应予以报废。

钢丝绳使用的安全程度由断丝的性质和数量、绳端断丝、断丝的局部聚集、断丝的增加率、绳股断裂、绳径减小、弹性降低、外部磨损、外部及内部腐蚀、变形、由于受热或电弧的作用而引起的损坏等项目判定。对钢丝绳可能出现缺陷的典型示例，在《起重机用钢丝绳检验和报废使用规范》（GB/T 5972—2006）中作了详细的说明，见附录1。

(1) 断丝的性质和数量

对于6股和8股的钢丝绳，断丝主要发生在外表。而对于多层绳股的钢丝绳，断丝大多数发生在内部，因而是"不可见的"断裂。因此，在检查断丝数时，应综合考虑断丝的部位、局部聚集程度和断丝的增长趋势，以及该钢丝绳是否用于危险品作业等因素。对钢制滑轮上工作的圆股钢丝绳中断丝根数在规定长度内的断丝数达到表2-4的数值，应报废。对钢制滑轮上工作的抗扭钢丝绳中断丝根数达到表2-6的数值，应报废。如果钢丝绳锈蚀或磨损时，不同种类的钢丝绳应将表2-4或表2-6断丝数按表2-5折减，并按折减后的断丝数作为判断报废的依据。

钢制滑轮上工作的圆股钢丝绳中断丝根数的控制标准

表 2-4

外层绳股承载钢丝数[a] n	钢丝绳典型结构示例[b] (GB 8918—2006, GB/T 20118—2006)[e]	起重机用钢丝绳绳必须报废时与疲劳有关的可见断丝数[c] 机构工作级别							
		M1, M2, M3, M4				M5, M6, M7, M8			
		交互捻 长度范围[d]		同向捻 长度范围[d]		交互捻 长度范围[d]		同向捻 长度范围[d]	
		≤6d	≤30d	≤6d	≤30d	≤6d	≤30d	≤6d	≤30d
≤50	6×7	2	4	1	2	4	8	2	4
51≤n≤75	6×19S*	3	6	2	3	6	12	3	6
76≤n≤100		4	8	2	4	8	16	4	8
101≤n≤120	8×19S* 6×25Fi*	5	10	2	5	10	19	5	10
121≤n≤140		6	11	3	6	11	22	6	11
141≤n≤160	8×25Fi	6	13	3	6	13	26	6	13
161≤n≤180	6×36WS*	7	14	4	7	14	29	7	14
181≤n≤200		8	16	4	8	16	32	8	16
201≤n≤220	6×41WS*	9	18	4	9	18	38	9	18

续表

起重机机用钢丝绳必须报废时与疲劳有关的可见断丝数 c

外层绳股承载钢丝数 a n	钢丝绳典型结构示例 b (GB 8918—2006,GB/T 20118—2006) e	机构工作级别							
		M1, M2, M3, M4				M5, M6, M7, M8			
		交互捻		同向捻		交互捻		同向捻	
		长度范围 d		长度范围 d		长度范围 d		长度范围 d	
		≤6d	≤30d	≤6d	≤30d	≤6d	≤30d	≤6d	≤30d
221≤n≤240	6×37	10	19	5	10	19	38	10	19
241≤n≤260		10	21	5	10	21	42	10	21
261≤n≤280		11	22	6	11	22	45	11	22
281≤n≤300		12	24	6	12	24	48	12	24
300<n		0.04n	0.08n	0.02n	0.04n	0.08n	0.16n	0.04n	0.08n

a. 填充钢丝不是承载钢丝,因此检验中要予以扣除。多层绳股钢丝绳仅考虑可见外层,其绳芯作为内部绳股对待,不予考虑。
b. 统计绳中的可见断丝数时,取整至整数值。对外层绳股的钢丝直径大于标准直径的特定结构的钢丝绳,在表中作降低等级处理,并以 * 号表示。
c. 一根断丝可能有两处可见端。
d. d 为钢丝绳公称直径。
e. 钢丝绳典型结构与国际标准的钢丝绳典型结构是一致的。

77

锈蚀或磨损的折减系数表　　　　表 2-5

钢丝表面磨损或锈蚀量（%）	10	15	20	25	30～40	>40
折减系数（%）	85	75	70	60	50	0

钢制滑轮上工作的抗扭钢丝绳中断丝根数的控制标准　　表 2-6

达到报废标准的起重机用钢丝绳与疲劳有关的可见断丝数			
机构工作级别 M1、M2、M3、M4		机构工作级别 M5、M6、M7、M8	
长度范围		长度范围	
≤6d	≤30d	≤6d	≤30d
2	4	4	8

注：1. 可见断丝数，一根断丝可能有两处可见端；
　　2. 长度范围，d 为钢丝绳公称直径。

（2）绳端断丝

当绳端或其附近出现断丝时，即使数量很少也表明该部位应力很高，可能是由于绳端安装不正确造成的，应查明损坏原因。如果绳长允许，应将断丝的部位切去重新合理安装。

（3）断丝的局部聚集

如果断丝紧靠一起形成局部聚集，则钢丝绳应报废。如这种断丝聚集在小于 $6d$ 的绳长范围内，或者集中在任一支绳股里，那么，即使断丝数比表 2-4 的数值少，钢丝绳也应予报废。

（4）断丝的增加率

在某些使用场合，疲劳是引起钢丝绳损坏的主要原因，断丝则是在使用一个时期以后才开始出现，但断丝数逐渐增加，其时间间隔越来越短。为了判定断丝的增加率，应仔细检验并记录断丝增加情况。根据这个"规律"可用来确定钢丝绳未来报废的日期。

（5）绳股断裂

如果出现整根绳股的断裂，则钢丝绳应予以报废。

（6）由于绳芯损坏而引起的绳径减小

绳芯损坏导致绳径减小可由下列原因引起：

1）内部磨损和压痕；

2）由钢丝绳中各绳股和钢丝之间的摩擦引起的内部磨损，尤其当钢丝绳经受弯曲时更是如此；

3）纤维绳芯的损坏；

4）钢丝芯的断裂；

5）多层股结构中内部股的断裂。

如果这些因素引起钢丝绳实测直径（互相垂直的两个直径测量的平均值）相对公称直径减小3%（对于抗扭钢丝绳而言）或减少10%（对于其他钢丝绳而言），即使未发现断丝该钢丝绳也应予以报废。

微小的损坏，特别是当所有各绳股中应力处于良好平衡时，用通常的检验方法可能是不明显的。然而这种情况会引起钢丝绳的强度大大降低。所以，有任何内部细微损坏的迹象时，均应对钢丝绳内部进行检验予以查明。一经证实损坏，该钢丝绳就应报废。

（7）弹性减小

在某些情况下（通常与工作环境有关)，钢丝绳的弹性会显著降低，若继续使用则是不安全的。弹性降低通常伴随下述现象：

1）绳径减小；

2）钢丝绳捻距增大；

3）由于各部分相互压紧，钢丝之间和绳股之间缺少空隙；

4）绳股凹处出现细微的褐色粉末；

5）虽未发现断丝，但钢丝绳明显的不易弯曲和直径减小，比起单纯是由于钢丝磨损而引起的直径减小要严重得多。这种情况会导致在动载作用下钢丝绳突然断裂，故应立即报废。

（8）外部磨损

钢丝绳外层绳股的钢丝表面的磨损，是由于它在压力作用下与滑轮或卷筒的绳槽接触摩擦造成的。这种现象在吊载加速或减速运动时，在钢丝绳与滑轮接触的部位特别明显，并表现为外部钢丝磨成平面状。

润滑不足，或不正确的润滑以及还存在灰尘和砂粒都会加剧磨损。

磨损使钢丝绳的断面积减小而强度降低。当钢丝绳直径相对于公称直径减小 7% 或更多时，即使未发现断丝，该钢丝绳也应报废。

(9) 外部及内部腐蚀

钢丝绳在海洋或工业污染的大气中特别容易发生腐蚀，腐蚀不仅使钢丝绳的金属断面减少导致破断强度降低，还将引起表面粗糙、产生裂纹从而加速疲劳。严重的腐蚀还会降低钢丝绳弹性。外部钢丝的腐蚀可用肉眼观察，内部腐蚀较难发现，但下列现象可供参考：

钢丝绳直径的变化。钢丝绳在绕过滑轮的弯曲部位直径通常变小。但对于静止段的钢丝绳则常由于外层绳股出现锈蚀而引起钢丝绳直径的增加。

钢丝绳外层绳股间的空隙减小，还经常伴随出现外层绳股之间断丝。

如果有任何内部腐蚀的迹象，应对钢丝绳进行内部检验；若有严重的内部腐蚀，则应立即报废。

(10) 变形

钢丝绳失去正常形状产生可见的畸形称为"变形"。这种变形会导致钢丝绳内部应力分布不均匀。钢丝绳的变形从外观上区分，主要可分下述几种：

1) 波浪形，波浪形的变形是钢丝绳的纵向轴线成螺旋线形状，如图 2-12 所示。这种变形不一定导致任何强度上的损失，但如变形严重即会产生跳动造成不规则的传动。时间长了会引起磨损及断丝。出现波浪形时，在钢丝绳长度不超过 $25d$ 的范围内，若 $d_1 \geqslant 4d/3$（式中 d 为钢丝绳的公称直径；d_1 是钢丝绳变形后包络的直径),则钢丝绳应报废。

图 2-12　波浪形变形

(a)波浪形;(b)变形包络直径

2)笼状畸变,这种变形出现在具有钢芯的钢丝绳上,当外层绳股发生脱节或者变得比内部绳股长的时候就会发生这种变形,如图 2-13 所示。笼状畸变的钢丝绳应立即报废。

3)绳股挤出,这种变形通常伴随笼状畸变一起产生,如图 2-14 所示。绳股被挤出说明钢丝绳不平衡。绳股挤出的钢丝绳应立即报废。

图 2-13　笼状畸变　　　　图 2-14　绳股挤出

4)钢丝挤出,此种变形是一部分钢丝或钢丝束在钢丝绳背着滑轮槽的一侧拱起形成环状,如图 2-15(a)所示。这种变形常因冲击载荷而引起。若此种变形严重时,如图 2-15(b)所示,则钢丝绳应报废。

5)绳径局部增大,如图 2-16 所示。钢丝绳直径有可能发生局部增大,并能波及相当长的一段钢丝绳。绳径增大通常与绳芯畸变有关,如图 2-16(a)所示,是由钢芯畸变引起的绳径局部增大;如图 2-16(b)所示,是由纤维芯因受潮膨胀引起绳径局

图 2-15 钢丝挤出

(a) 钢丝从一绳股中挤出；(b) 钢丝从多股中挤出

部增大。绳径局部增大的必然结果是外层绳股产生不平衡，而造成定位不正确，应报废。

图 2-16 绳径局部增大

(a) 由钢芯畸变引起；(b) 由纤维芯变质引起

6) 扭结，是由于钢丝绳成环状在不可能绕其轴线转动的情况下被拉紧而造成的一种变形，如图 2-17 所示。其结果是出现捻距不均而引起格外的磨损，严重时钢丝绳将产生扭曲，以致只留下极小一部分钢丝绳强度。如图 2-17 (a) 所示，是由于钢丝绳搓捻过紧而引起纤维芯突出；如图 2-17 (b) 所示，是钢丝绳

图 2-17 扭结

(a) 纤维芯突出；(b) 钢丝绳松弛

在安装时已扭结,安装使用后产生局部磨损及钢丝绳松弛。严重扭结的钢丝绳应立即报废。

7) 绳径局部减小,如图 2-18 所示,钢丝绳直径的局部减小常常与绳芯的断裂有关。应特别仔细检查靠绳端部位有无此种变形。绳径局部严重减小的钢丝绳应报废。

图 2-18 绳径局部减小

8) 部分被压扁,如图 2-19 所示,钢丝绳部分被压扁是由于机械事故造成的。严重时,则钢丝绳应报废。

(a)　　　　　　　(b)

图 2-19 钢丝绳被压扁

(a) 部分被压扁;(b) 多股被压扁

9) 弯折,如图 2-20 所示,弯折是钢丝绳在外界影响下引起的角度变形。这种变形的钢丝绳应立即报废。

(11) 由于受热或电弧的作用而引起的损坏

图 2-20 弯折

钢丝绳经受特殊热力作用其外表出现颜色变化时应报废。

2.2 吊钩

吊钩属起重机上重要取物装置之一。吊钩若使用不当,容易造成损坏和折断而发生重大事故,因此,必须加强对吊钩经常性的安全技术检验。

2.2.1 吊钩的分类

吊钩按制造方法可分为锻造吊钩和片式吊钩。锻造吊钩又可分为单钩和双钩,如图2-21(a)、(b)所示。单钩一般用于小起重量,双钩多用于较大的起重量。锻造吊钩材料采用优质低碳镇静钢或低碳合金钢,如 20 优质低碳钢、16Mn、20MnSi、36MnSi。片式吊钩由若干片厚度不小于 20mm 的 C3、20 或 16Mn 的钢板铆接起来。片式吊钩也有单钩和双钩之分,如图2-21(c)、(d)所示。

图 2-21 吊钩的种类

(a) 锻造单钩;(b) 锻造双钩;(c) 片式单钩;(d) 片式双钩

片式吊钩比锻造吊钩安全,因为吊钩板片不可能同时断裂,个别板片损坏还可以更换。吊钩按钩身(弯曲部分)的断面形状可分为:圆形、矩形、梯形和 T 字形断面吊钩。

2.2.2 吊钩安全技术要求

吊钩应有出厂合格证明,在低应力区应有额定起重量标记。

(1) 吊钩的危险断面

对吊钩的检验，必须先了解吊钩的危险断面所在，通过对吊钩的受力分析，可以了解吊钩的危险断面有三个。

如图 2-22 所示，假定吊钩上吊挂重物的重量为 Q，由于重物重量通过钢丝绳作用在吊钩的Ⅰ—Ⅰ断面上，有把吊钩切断的趋势，该断面上受切应力；由于重量 Q 的作用，在Ⅲ—Ⅲ断面，有把吊钩拉断的趋势，这个断面就是吊钩钩尾螺纹的退刀槽，这个部位受拉应力；由于 Q 力对吊钩产生拉、切力之后，还有把吊钩拉直的趋势，也就是对Ⅰ—Ⅰ断面以左的各

图 2-22 吊钩的危险断面

断面除受拉力以外，还受到力矩的作用。因此，Ⅱ—Ⅱ断面受 Q 的拉力，使整个断面受切应力，同时受力矩的作用。另外，Ⅱ—Ⅱ断面的内侧受拉应力，外侧受压应力，根据计算，内侧拉应力比外侧压应力大一倍多。所以，吊钩做成内侧厚、外侧薄就是这个道理。

(2) 吊钩的检验

吊钩的检验一般先用煤油洗净钩身，然后用 20 倍放大镜检查钩身是否有疲劳裂纹，特别对危险断面的检查要认真、仔细。钩柱螺纹部分的退刀槽是应力集中处，要注意检查有无裂缝。对板钩还应检查衬套、销子、小孔、耳环及其他紧固件是否有松动、磨损现象。对一些大型、重型起重机的吊钩还应采用无损探伤法检验其内部是否存在缺陷。

(3) 吊钩的保险装置

吊钩必须装有可靠防脱棘爪（吊钩保险），防止工作时索具脱钩，如图 2-23 所示。

图 2-23　吊钩防脱棘爪

2.2.3　吊钩的报废

吊钩禁止补焊，有下列情况之一的，应予以报废：
(1) 用 20 倍放大镜观察表面有裂纹；
(2) 钩尾和螺纹部分等危险截面及钩筋有永久性变形；
(3) 挂绳处截面磨损量超过原高度的 10%；
(4) 心轴磨损量超过其直径的 5%；
(5) 开口度比原尺寸增加 15%。

2.3　卸扣

卸扣又称卡环，是起重作业中广泛使用的连接工具，它与钢丝绳等索具配合使用，拆装颇为方便。

2.3.1 卸扣的分类

卸扣按其外形分为直形和椭圆形,如图 2-24 所示。

按活动销轴的形式可分为销子式和螺栓式,如图 2-25 所示。

图 2-24 卸扣

(a) 直形卸扣;(b) 椭圆形卸扣

图 2-25 销轴的几种形式

(a) W 型,带有环眼和台肩的螺纹销轴;(b) X 型,六角头螺栓、六角螺母和开口销;(c) Y 型,沉头螺钉

2.3.2 卸扣使用注意事项

(1) 使用注意事项

1) 卸扣必须是锻造的,一般是用 20 号钢锻造后经过热处理而制成的,以便消除残余应力和增加其韧性,不能使用铸造和补焊的卡环。

2) 使用时不得超过规定的荷载,应使销轴与扣顶受力,不能横向受力。横向使用会造成扣体变形。

3) 吊装时使用卸扣绑扎,在吊物起吊时应使扣顶在上销轴在下,如图 2-26 所示,使绳扣受力后压紧销轴,销轴因受力,在销孔中产生摩擦力,使销轴不易脱出。

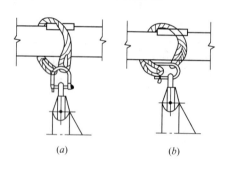

图 2-26 卸扣的使用示意图
(a) 正确的使用方法;(b) 错误的使用方法

4) 不得从高处往下抛掷卸扣,以防止卸扣落地碰撞而变形和内部产生损伤及裂纹。

(2) 卸扣的报废

卸扣出现以下情况之一时,应予报废:

1) 裂纹;

2) 磨损达原尺寸的 10%;

3）本体变形达原尺寸的10%；
4）横销变形达原尺寸的5%；
5）螺栓坏丝或滑丝；
6）卸扣不能闭锁。

2.4 滑车和滑车组

滑车和滑车组是起重吊装、搬运作业中较常用的起重工具。滑车一般由吊钩（链环）、滑轮、轴、轴套和夹板等组成。

2.4.1 滑车

(1) 滑车的种类

滑车按滑轮的多少，可分为单门（一个滑轮）、双门（两个滑轮）和多门等几种；按连接件的结构形式不同，可分为吊钩型、链环型、吊环型和吊梁型四种；按滑车的夹板形式分，有开口滑车和闭口滑车两种等，如图2-27所示。开口滑车的夹板可以打开，便于装入绳索，一般都是单门，常用在拔杆脚等处作导向用。滑车按使用方式不同，又可分为定滑车和动滑车两种。定滑车在使用中是固定的，可以改变用力的方向，但不能省力；动滑车在使用中是随着重物移动而移动的，它能省力，但不能改变力的方向。

(2) 滑车的允许荷载

滑车的允许荷载，可根据滑轮和轴的直径确定。一般滑车上都有标明，使用时应根据其标定的数值选用，同时滑轮直径还应与钢丝绳直径匹配。

双门滑车的允许荷载为同直径单门滑车允许荷载的两倍，三门滑车为单门滑车的三倍，以此类推。同样，多门滑车的允许荷

图 2-27 滑车
(a) 单门开口吊钩型；(b) 双门闭口链环型；(c) 三门闭口吊环型；
(d) 三门吊梁型
1—吊钩；2—拉杆；3—轴；4—滑轮；5—夹板；6—链环；7—吊环；8—吊梁

载就是它的各滑轮允许荷载的总和。因此，如果知道某一个四门滑车的允许荷载为 20000kg，则其中一个滑轮的允许荷载为 5000kg。即对于这四门滑车，若工作中仅用一个滑轮，只能负担 5000kg；用两个，只能负担 10000kg，只有四个滑轮全用时才能负担 20000kg。

2.4.2 滑车组

滑车组是由一定数量的定滑车和动滑车及绕过它们的绳索组成的简单起重工具。它能省力也能改变力的方向。

（1）滑车组的种类

滑车组根据跑头引出的方向不同，可以分为跑头自动滑车引出和跑头自定滑车引出两种。如图 2-28 (a) 所示，跑头自动滑车引出，这时用力的方向与重物移动的方向一致；如图 2-28 (b) 所示，跑头自定滑车绕出，这时用力的方向与重物移动的方向相反。在采用多门滑车进行吊装作业时常采用双联滑车组。如图2-28（c）所示，双联滑车组有两个跑头，可用两台卷扬机同时牵引，其速度快一倍，滑车组受力比较均衡，滑车不易倾斜。

图 2-28　滑车组的种类

(a) 跑头自动滑车绕出；(b) 跑头自定滑车绕出；(c) 双联滑车组

(2) 滑车组绳索的穿法

滑车组中绳索有普通穿法和花穿法两种，如图2-29所示。普通穿法是将绳索自一侧滑轮开始，顺序地穿过中间的滑轮，最后从另一侧的滑轮引出，如图2-29（a）所示。滑车组在工作时，由于两侧钢丝绳的拉力相差较大，跑头7的拉力最大，第6根为次，顺次至固定头受力最小，所以滑车在工作中不平稳。如图2-29（b）所示，花穿法的跑头从中间滑轮引出，两侧钢丝绳的拉力相差较小，所以能克服普通穿法的缺点。在用"三三"以

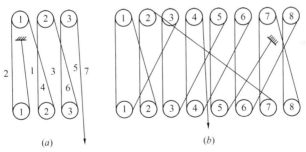

图 2-29　滑车组的穿法

(a) 普通穿法；(b) 花穿法

上的滑车组时,最好用花穿法。滑车组中动滑车上穿绕绳子的根数,习惯上叫"走几",如动滑车上穿绕三根绳子,叫"走三",穿绕四根绳子叫"走四"。

2.4.3 滑车及滑车组使用注意事项

(1) 使用注意事项

1) 使用前应查明标识的允许荷载,检查滑车的轮槽、轮轴、夹板、吊钩(链环)等有无裂缝和损伤,滑轮转动是否灵活。

2) 滑车组绳索穿好后,要慢慢地加力,绳索收紧后应检查各部分是否良好,有无卡绳现象。

3) 滑车的吊钩(链环)中心,应与吊物的重心在一条垂线上,以免吊物起吊后不平稳,滑车组上下滑车之间的最小距离应根据具体情况而定,一般为700~1200mm。

4) 滑车在使用前、后都要刷洗干净,轮轴要加油润滑,防止磨损和锈蚀。

5) 为了提高钢丝绳的使用寿命,滑轮直径最小不得小于钢丝绳直径的 16 倍。

(2) 滑轮的报废

滑轮出现下列情况之一的,应予以报废:

1) 裂纹或轮缘破损;

2) 滑轮绳槽壁厚磨损量达原壁厚的 20%;

3) 滑轮底槽的磨损量超过相应钢丝绳直径的 25%。

2.5 螺旋扣

螺旋扣又称"花篮螺栓",如图 2-30 所示,其主要用在张紧和松弛拉索、缆风绳等，故又被称为"伸缩节"。其形式有多种，尺寸大小则随负荷轻重而有所不同。其结构形式如图 2-31 所示。

图 2-30　螺旋扣

图 2-31　螺旋扣结构示意图

螺旋扣的使用应注意以下事项：
(1) 使用时应钩口向下；
(2) 防止螺纹轧坏；
(3) 严禁超负荷使用；
(4) 长期不用时，应在螺纹上涂好防锈油脂。

2.6　卷扬机

卷扬机在建筑施工中使用广泛，它可以单独使用，也可以作为其他起重机械的卷扬机构。

2.6.1　卷扬机构造和分类

卷扬机是由电动机、齿轮减速机、卷筒、制动器等构成。载荷的提升和下降均为一种速度，由电机的正反转控制。

卷扬机按卷筒数分：有单筒、双筒、多筒卷扬机；按速度分：有快速、慢速卷扬机。常用的有电动单筒和电动双筒卷扬机。如图2-32所示，为一种单筒电动卷扬机的结构示意图。

图2-32 单筒电动卷扬机结构示意图

1—可逆控制器；2—电磁制动器；3—电动机；
4—底盘；5—联轴器；6—减速器；7—小齿轮；
8—大齿轮；9—卷筒

2.6.2 常用的基本参数

卷扬机的基本参数包括钢丝绳额定拉力、卷筒容绳量、钢丝绳平均速度、钢丝绳直径和卷筒直径等。

（1）慢速卷扬机的基本参数见表2-7。

慢速卷扬机基本参数　　　　表2-7

基本参数 \ 形式	单筒卷扬机					
钢丝绳额定拉力（t）	3	5	8	12	20	32	50
卷筒容绳量（m）	150	150	400	600	700	800	800
钢丝绳平均速度（m/min）	9～12			8～11		7～10	
钢丝绳直径不小于（mm）	15	20	26	31	40	52	65
卷筒直径 D	$D \geqslant 18d$						

注：$1t = 1 \times 1000 \times 10N = 10kN$。

(2) 快速卷扬机的基本参数见表2-8。

快速卷扬机基本参数 表2-8

基本参数 \ 形式	单 筒						双 筒			
钢丝绳额定拉力（t）	0.5	1	2	3	5	8	2	3	5	8
卷筒容绳量（m）	100	120	150	200	350	500	150	200	350	500
钢丝绳平均速度（m/min）	30～40		30～35		28～32		30～35		28～32	
钢丝绳直径不小于（mm）	7.7	9.3	13	5	20	26	13	15	20	26
卷筒直径D	$D > 18d$									

注：1t＝1×1000×10N＝10kN。

2.6.3 卷筒

卷筒是卷扬机的重要部件，卷筒是由筒体、连接盘、轴以及轴承支架等构成的。

(1) 钢丝绳在卷筒上的固定

钢丝绳在卷筒上的固定通常使用压板螺钉或楔块，固定的方法一般有楔块固定法、长板条固定法和压板固定法，如图2-33所示。

1) 楔块固定法，如图2-33（a）所示。此法常用于直径较小的钢丝绳，不需要用螺栓，适于多层缠绕卷筒。

2) 长板条固定法，如图2-33（b）所示。通过螺钉的压紧力，将带槽的长板条沿钢丝绳的轴向将绳端固定在卷筒上。

3) 压板固定法，如图2-33（c）所示。利用压板和螺钉固定钢丝绳，压板数至少为2个。此固定方法简单，安全可靠，便于观察和检查，是最常见的固定形式。其缺点是所占空间较大，不宜用于多层卷绕。

图 2-33 钢丝绳在卷筒上的固定
（a）楔块固定；（b）长板条固定；（c）压板固定

(2) 卷筒的报废

卷筒出现下述情况之一的，应予以报废：

1) 裂纹或凸缘破损；

2) 卷筒壁磨损量达原壁厚的 10%。

2.6.4 制动器

制动器是各类起重机械不可缺少的组成部分，它既是起重机的控制装置，又是安全装置。其工作原理是：制动器摩擦副中的一组与固定机架相连；另一组与机构转动轴相连。当摩擦副接触压紧时，产生制动作用；当摩擦副分离时，制动作用解除，机构可以运动。

(1) 制动器的分类

1) 根据构造不同，制动器可分为以下三类：

(a) 带式制动器。制动钢带在径向环抱制动轮而产生制动力矩。

(b) 块式制动器。两个对称布置的制动瓦块，在径向抱紧制动轮而产生制动力矩。

(c) 盘式与锥式制动器。带有摩擦衬料的盘式和锥式金属盘，在轴向互相贴紧而产生制动力矩。

2）按工作状态，制动器一般可分为常闭式制动器和常开式制动器。

(a) 常闭式制动器。在机构处于非工作状态时，制动器处于闭合制动状态；在机构工作时，操纵机构先行自动松开制动器。塔机的起升和变幅机构均采用常闭式制动器。

(b) 常开式制动器。制动器平常处于松开状态，需要制动时通过机械或液压机构来完成。塔机的回转机构采用常开式制动器。

（2）制动器的报废

制动器的零件有下列情况之一的，应予报废：

1）可见裂纹；
2）制动块摩擦衬垫磨损量达原厚度的50%；
3）制动轮表面磨损量达1.5~2mm；
4）弹簧出现塑性变形；
5）电磁铁杠杆系统空行程超过其额定行程的10%。

2.6.5 卷扬机的布置与固定

（1）卷扬机的布置

卷扬机的布置（即安装位置）应注意下列几点：

1）卷扬机安装位置周围必须排水畅通并应搭设工作棚；

2）卷扬机的安装位置应能使操作人员看清指挥人员和起吊或拖动的物件，操作者视线仰角应小于45°；

3）在卷扬机正前方应设置导向滑车，如图2-34所示，导向滑车至卷筒轴线的距离，带槽卷筒应不小于卷筒宽度的15倍，即倾斜角 α 不大于2°，无槽卷筒应大于卷筒宽度的20倍，以免

钢丝绳与导向滑车槽缘产生过度的磨损;

图 2-34 卷扬机的布置

4) 钢丝绳绕入卷筒的方向应与卷筒轴线垂直,其垂直度允许偏差为 6°,这样能使钢丝绳圈排列整齐,不致斜绕和互相错叠挤压。

(2) 卷扬机的固定

卷扬机必须用地锚予以固定,以防工作时产生滑动或倾覆。根据受力大小,固定卷扬机的方法大致有螺栓锚固法、水平锚固法、立桩锚固法和压重锚固法四种,如图 2-35 所示。

图 2-35 卷扬机的锚固方法

(a) 螺栓锚固法;(b) 水平锚固法;(c) 立桩锚固法;(d) 压重物锚固法
1—卷扬机;2—地脚螺栓;3—横木;4—拉索;5—木桩;6—压重;7—压板

2.6.6 卷扬机使用注意事项

(1) 作用前,应检查卷扬机与地面的固定、安全装置、防护设施、电气线路、接零或接地线、制动装置和钢丝绳等,全部合格后方可使用。

(2) 使用皮带或开式齿轮的部分,均应设防护罩,导向滑轮不得用开口拉板式滑轮。

(3) 正反转卷扬机卷筒旋转方向应在操纵开关上有明确标识。

(4) 卷扬机必须有良好的接地或接零装置,接地电阻不得大于 10Ω;在一个供电网路上,接地或接零不得混用。

(5) 卷扬机使用前要先作空载正、反转试验,检查运转是否平稳,有无不正常响声;传动、制动机构是否灵敏可靠;各紧固件及连接部位有无松动现象;润滑是否良好,有无漏油现象。

(6) 钢丝绳的选用应符合原厂说明书规定。卷筒上的钢丝绳全部放出时应留有不少于 3 圈;钢丝绳的末端应固定牢靠;卷筒边缘外周至最外层钢丝绳的距离应不小于钢丝绳直径的 1.5 倍。

(7) 钢丝绳应与卷筒及吊笼连接牢固,不得与机架或地面摩擦,通过道路时,应设过路保护装置。

(8) 卷筒上的钢丝绳应排列整齐,当重叠或斜绕时,应停机重新排列,严禁在转动中用手拉脚踩钢丝绳。

(9) 作业中,任何人不得跨越正在作业的卷扬钢丝绳。物件提升后,操作人员不得离开卷扬机,物件或吊笼下面严禁人员停留或通过。休息时应将物件或吊笼降至地面。

(10) 作业中如发现异响、制动不灵、制动装置或轴承等温度剧烈上升等异常情况时,应立即停机检查,排除故障后方可使用。

(11) 作业中停电或休息时,应切断电源,将提升物件或吊笼降至地面,操作人员离开现场应锁好开关箱。

3 物料提升机的构造和工作原理

3.1 物料提升机概述

物料提升机是施工现场用来进行物料垂直运输的一种简易设备,按架体结构外形一般分为龙门架式和井架式。

龙门架的架体结构是由两个立柱和一根横梁(天梁)组成,横梁架设在立柱的顶部,与立柱组成形如"门框"的架体,习惯称之为"龙门架"。

井架的架体结构是由四个立杆,多个水平及倾斜杆件组成的整个架体。水平及倾斜杆件(缀杆)将立杆联系在一起,从水平截面上看似是一个"井"字,因此得名为井架,也称井字架。

龙门架及井架物料提升机是在上述架体中,加设载物起重的承载部件,如吊笼、吊篮和吊斗等;设置起重动力装置,如卷扬机、曳引机等;配置传动部件,如钢丝绳、滑轮和导轨等,以及必要的辅助装置(设施)等组成一套完整的起重设备。

按现行的国家行业标准,龙门架及井架物料提升机是额定起重量在 2000kg 以下、以地面卷扬机为动力、沿导轨做垂直运行的起重机械设备。

在我国,20 世纪 50 年代以前,建筑规模不大,生产力比较落后,建筑起重机械较少,建筑施工中多以人拉肩扛为主。为了解决起重问题,有人尝试用木料、竹料搭设的架体,人工牵拉作为动力搭设简单起重机械。这是物料提升机的雏形。之后随着我国工业的发展，设备技术的提高，从20世纪60年代开始，建筑工地采用卷扬机作为动力，架体采用钢材拼装，出现了起重量较大的物料提升机。但是，其结构仍然比较简单，电气控制及安全装置也很不完善，普遍使用搬把式倒顺开关及挂钩式、弹闸式防坠落装置，操作时无良好的点动功能，就位不准。20世纪70年代初，随着钢管扣件式脚手架的推行，出现了用钢管扣件搭设架体，使用揽风绳稳固的简易井架。虽然装拆十分方便，但架体刚度和承载能力较低，一般仅用于七层以下的多层建筑。在管理上，井架物料提升机的卷扬机和架体是分立管理的，架体作为周转器材管理，卷扬机作为动力设备管理。随着建筑市场规模的日益扩大，逐步出现了双立柱和三立柱的龙门架物料提升机。为了提高物料提升机的安全程度和起重能力，20世纪80年代逐步淘汰了钢管和扣件搭设的物料提升机，开始采用型钢以刚性方式连接架设。20世纪90年代初，建设部颁布了第一部物料提升机的行业标准——《龙门架及井架物料提升机安全技术规范》（JGJ 88—92），从设计制造、安装检验到使用管理，尤其是安全装置方面作出了较全面的规定。

用于建筑施工的物料提升机，经过几十年的发展，尤其《龙门架及井架物料提升机安全技术规范》（JGJ 88—92）实施以来，其结构性能有了较大提高，应用范围越来越广，但规模化的生产体系尚未建立。企业自制和小企业非规模化生产的痕迹较重，产品质量参差不齐，安装、使用以及维修保养存在诸多问题。随着建筑业的飞速发展，对物料提升机的可靠性和安全性提出了越来越高的要求，整机产品的标准化、提升运行的快速化、架体组装的规范化和安全装置的完善性成为今后的发展方向，其性能正在逐步向施工升降机接近。

3.2 物料提升机的类型

3.2.1 按架体结构分类

根据架体的结构形式,可分为龙门架物料提升机和井架物料提升机两大类。

龙门架可配用较大的吊笼,适用较大载重量的场合,一般额定载重量 800~2000kg;但因其刚度和稳定性较差,提升高度一般在 30m 以下。

井架安装拆卸更为方便,配以附墙装置,可在 150m 以下的高度使用;但受到结构强度及吊笼空间的限制,仅适用于较小载重量的场合,额定载重量一般在 1000kg 以下。

3.2.2 按吊笼分类

(1) 按吊笼数量,物料提升机有单笼和双笼之分。如图 3-1 所示为单笼物料提升机,单笼龙门架物料提升机由两根立柱和一根天梁组成,吊笼在两立柱间上下运行;单笼井架物料提升机,吊笼位于井架架体的内部或一侧。如图 3-2 所示为双笼物料提升机,双笼龙门架物料提升机由三根立柱和两根横梁组成一体,两个吊笼分别在立柱的两个空间中做上下运行;双笼井架物料提升机,两个吊笼分别位于井架架体的两侧。

(2) 根据吊笼不同位置,可分为内置式或外置式物料提升机。

内置式井架的架体因为有较大的截面供吊笼升降,并且吊笼

图 3-1 单笼物料提升机

（a）单笼井架物料提升机；（b）单笼龙门架物料提升机

1—基础；2—吊笼；3—天梁；4—滑轮；5—缆风绳；
6—摇臂拔杆；7—卷扬钢丝绳；8—立柱

图 3-2 双笼物料提升机

（a）双笼井架物料提升机；（b）双笼龙门架物料提升机

1—基础；2—吊篮；3—防护围栏；4—立柱；5—天梁；
6—滑轮；7—缆风绳；8—卷扬钢丝绳

位于内部，架体受力均衡，因此具有较好的刚度和稳定性。由于进出料处要受缀杆的阻挡，常常需要拆除一些缀杆和腹杆，此时各层面在与通道连接的开口处都须进行局部加固。

外置式井架的进出料较为方便，且能发挥更高的使用效率，但与内置式井架相比，架体的刚度和稳定性较低，而且装拆也较复杂；运行中对架体有较大的偏心载荷，因此对井架架体的材料、结构和安装均有较高的要求，一般可参照升降机的形式，将架体制成标准节，既便于安装又提高连接强度。

3.2.3 按提升高度分类

按提升高度，物料提升机分为低架式和高架式。提升高度30m以下（含30m）为低架物料提升机，提升高度31～150m为高架物料提升机。

低架物料提升机和高架物料提升机在设计制造、基础、安装和安全装置等方面具有不同要求。低架物料提升机用于多层建筑，高架物料提升机可用于高层建筑。由于物料提升机只能载货不可载人，而高层建筑施工现场，需解决人员上下问题，故一般使用施工升降机，因而提升高度在80m以上的物料提升机实际上很少使用。

3.3 物料提升机的组成

物料提升机一般由钢结构件、动力和传动机构、电气系统、安全装置、辅助部件等五大部分，通过一定的方式组合完成。

3.3.1 钢结构件

目前物料提升机一般均为钢材制成，主要部件包括架体（立柱)、底架、吊笼(吊篮)、导轨和天梁、摇臂把杆等。

(1) 架体

架体是物料提升机最重要的钢结构件,是支承天梁的结构件,承载吊笼的垂直荷载,承担着载物重量,兼有运行导向和整体稳固的功能。龙门架和外置式井架的立柱,其截面可呈矩形、正方形或三角形,截面的大小根据吊笼的布置和受力,经设计计算确定,常采用角钢或钢管,制作成可拼装的杆件,在施工现场再以螺栓或销轴连接成一体,也常焊接成格构式标准节,每个标准节长度为1.5～4m,标准节之间用螺栓或销轴连接,可以互相调换。

采用标准节连接方式的架体,其断面小、用钢量少、安装方便,安装质量容易得到保证,但加工难度和运输成本略高,适合较大批量生产,适用于高架及外置吊笼的机型。使用角钢或钢管杆件拼装连接方式的架体,其安装较为复杂,安装的质量控制难度也较高,但加工难度和运输成本较低,适合单机或小批量生产、适用于低架及内置吊笼的机型。

(2) 底架

架体的底部设有底架(地梁),用于架体(立柱)与基础的连接。

(3) 天梁

天梁是安装在架体顶部的横梁,支承顶端滑轮的结构件。天梁是主要受力构件,承受吊笼自重及物料重量,常用型钢制作,其构件形状和断面大小须经计算确定。当使用槽钢作天梁时,其规格不得小于[14槽钢。天梁的中间一般装有滑轮和固定钢丝绳尾端的销轴。

(4) 吊笼

用作盛放运输物件,可上下运行的笼状或篮状结构件,统称为吊笼。吊笼是供装载物料作上下运行的部件,也是物料提升机中唯一以移动状态工作的钢结构件。吊笼由横梁、侧柱、底板、两侧挡板（围网）、斜拉杆和进出料安全门等组成。常见以型钢和钢板焊接成框架，再铺50mm厚木板或焊有防滑钢板作载物底板。安全门及两侧围挡一般用钢网片或钢栅栏制成，高度应不小于1m，以防物料或装货小车滑落，有的安全门在吊笼运行至高处停靠时，具有高处临边作业的防护作用。对提升高度超过30m的高架提升机，吊笼顶部还应设防护顶板，形成吊笼状。吊笼横梁上常装有提升滑轮组，笼体侧面装有导向滚轮或滑靴。

（5）导靴

安装在吊笼上沿导轨运行的装置，可防止吊笼运行中偏斜和摆动，其形式有滚轮导靴和滑动导靴。

有下列情况之一的，必须采用滚轮导靴：

1）采用摩擦式卷扬机为动力的提升机；

2）架体的立柱兼作导轨的提升机；

3）高架提升机。

（6）导轨

导轨是为吊笼上下运行提供导向的部件。

导轨按滑道的数量和位置，可分为单滑道、双滑道及四角滑道。单滑道即左右各有一根滑道，对称设置于架体两侧；双滑道一般用于龙门架上，左右各设置二根滑道，并间隔相当于立柱单肢间距的宽度，可减少吊笼运行中的晃动；四角滑道用于内置式井架，设置在架体内的四角，可使吊笼较平稳地运行。导轨可采用槽钢、角钢或钢管。标准节连接式的架体，其架体的垂直主弦杆常兼作导轨。杆件拼装连接方式的架体，导轨常用连接板及螺栓连接。

（7）摇臂把杆

摇臂把杆是附设在提升机架体上的起重臂杆。

为解决一些过长、过宽材料物件的垂直运输，摇臂把杆可作为物料提升机附加起重机构安装在提升机架体的一侧。在单肢立杆与水平缀条交接处,安装一根起重臂杆和起重滑轮,并用另一台卷扬机作动力,控制吊钩的升降,由人工拉动溜绳操作转向定位,形成简易的起重机构。摇臂把杆的起重量不应超过600kg,摇臂把杆的长度不得大于6m;可选用无缝钢管,其外径不得小于121mm;也可用角钢焊接成格构形式,如图3-3所示,其断面尺寸不得小于240mm×240mm,单肢角钢不小于L30×4。

图3-3 角钢格构式摇臂把杆

3.3.2 动力和传动机构

(1) 卷扬机

卷扬机是提升物料的动力装置,按传动方式,可分为可逆式和摩擦式二种。

图3-4 可逆式卷扬机

可逆式卷扬机一般由电动机、制动器、减速器和钢丝绳卷筒组成,配以联轴器和轴承座等,固定在钢机架上,如图3-4所示。

摩擦式卷扬机也称曳引机,一般由电动机、制动器、减速器和摩擦轮(曳引轮)等组成,配以联轴器和轴承座等,固定在钢机架上,如图3-5所示;也有将上述机件组装在一个机体之中的,如图3-6所示。

高架物料提升机不得使用摩擦式卷扬机。

图 3-5 摩擦式卷扬机　　　　图 3-6 整体式摩擦卷扬机

按现行国家标准，建筑卷扬机有慢速（M）、中速（Z）、快速（K）三个系列，建筑施工用物料提升机配套的卷扬机多为快速系列，卷杨机的卷绳线速度或曳引机的节径线速度一般为30～40m/min，钢丝绳端的牵引力一般在2000kg以下。

1）电动机

建筑施工用的物料提升机绝大多数都采用三相交流电动机，功率一般在2.0～15kW之间，额定转速为730～1460r/min。当牵引绳速需要变化时，常采用绕线式转子的可变速电动机，否则均使用鼠笼式转子定速电动机。

2）制动器

根据卷扬机的工作特点，在电动机停止时必须同时使工作机构卷筒也立即停止转动。也就是在失电时制动器须处于制动状态，只有通电时才能松闸，让电动机转动。因此，物料提升机的卷扬机均应采用常闭式制动器。

如图3-7所示，为用于卷扬机的常闭式闸瓦制动器，又称为抱鼓制动器或抱闸制动器。不通电时，磁铁无吸力，在主弹簧4张力作用下，通过推杆5拉紧制动臂1，推动制动块2（闸瓦）

紧压制动轮9，处于制动状态；通电时在电磁铁7作用下，衔铁8顶动推杆5，克服弹簧4的张力，使制动臂拉动制动块2松开制动轮9，处于松闸运行状态。

此类制动器，推杆行程、制动块与制动轮间隙均可调整，要注意二种调整应配合进行，以取得较好效果，制动块与制动轮间隙视制动器型号而异，一般在0.8~1.5mm为宜，太小易引起不均匀磨损；太大则影响制动效果甚至滑移或失灵。随着使用时间的延续，制动块的摩擦衬垫会磨耗减薄，应经常检查和调整，当制动块摩擦衬垫磨损达原厚度50%时，或制动轮表面磨损达1.5~2mm时，应及时更换。

图3-7　电磁抱闸制动器

1—制动臂；2—制动瓦块；3—副弹簧；4—主弹簧；5—推杆；6—拉板；7—电磁铁；8—衔铁；9—制动轮

有的摩擦式卷扬机采用电磁盘式制动器，如图3-8所示。通常此类制动器的制动盘直接安装在电动机轴上随电动机一起转动，固定盘与电动壳体连接，只能轴向移动，制动盘与鼓动盘之间有摩擦（块）。电机不工作时，固定盘受弹簧的张力，通过摩擦块将制动盘锁死，使之不可旋转，起到常闭制动的效果。当电动机通电时，固定盘侧的电磁铁产生吸力，克服了弹簧的张力，拉动固定盘，摩擦块滑动，松开制动盘，电动机正常运转。这种盘式制动器，制动灵敏，维护调整简单，受气候影响较小，但制造精度和成本略高。

为了减小结构尺寸和较好的制动效果，一般制动器应装设在快速轴（输入端）处，因为此端的扭矩最小，制动器可以较小尺寸取得较好的制动效果。

3) 联轴器

在卷扬机上普遍采用了带制动轮弹性套柱销联轴器，由二个半联轴节、橡胶弹性套及带螺母的锥形柱销组成。由于其中的一个半联轴节即为制动轮，故结构紧凑，并具有一定的位移补偿及缓冲性能；当超载或位移过大时，弹性套和柱销会破坏，同时避免了传动轴及半联轴节的破坏，起到了一定的安全保护作用，对中小功率的电动机和减速器连接，有良好的效果，如图3-9所示。该联轴器的弹性套，在补偿位移（调心）过程中极易磨损，必须经常检查和更换。

图 3-8　电磁盘式制动器

1—防护罩；2—端架；3—磁铁线圈；4—磁铁架；5—衔铁；6—调整轴套；7—制动器弹簧；8—可转制动盘；9—压缩弹簧；10—制动垫片；11—螺栓；12—螺母；13—垫圈；14—线圈电缆；15—电缆夹子；16—固定制动盘；17—风扇罩；18—键；19—电动机后端罩；20—紧定螺钉；21—电动风扇；22—电动机主轴

4) 减速机

减速机的作用是将电动机的旋转速度降低到所需要的转速，同时提高输出扭矩。

最常用的减速机是渐开线斜齿轮减速机，其转动效率高，输入轴和输出轴不在同一个轴线上，体积较大。此外也有用行星齿轮、摆线齿轮或涡轮蜗杆减速器，这类减速机可以在较小的空间，获得较大的传动比。卷扬机的减速机还需要根据输出功率、转速、减速比和输入输出轴的方向位置来确定其形式和规格。

物料提升机的减速机通常是齿轮传动，多级减速，如图3-10所示。

图 3-9 联轴器　　　　图 3-10 齿轮减速机

1—减速机轴；2—制动轮；3—电机轴

5）钢丝绳卷筒

卷扬机的钢丝绳卷筒（驱动轮）是供缠绕钢丝绳的部件，它的作用是卷绕缠放钢丝绳，传递动力，把旋转运动变为直线运动，也就是将电动机产生的动力传递到钢丝绳产生牵引力的受力结构件上。

①卷筒种类

卷筒材料一般采用铸铁、铸钢制成，重要的卷筒可采用球墨铸铁，也有用钢板弯卷焊接而成。卷筒表面有光面和开槽两种形式。槽面的卷筒可使钢丝绳排绕整齐，但仅适用于单层卷绕；光面卷筒上的钢丝绳可用于多层卷绕，容绳量增加。

曳引机的钢丝绳驱动轮是依靠摩擦作用将驱动力提供给牵引（起重）钢丝绳的。驱动轮上开有绳槽，钢丝绳绕过绳槽张紧后，驱动轮的牵引动力才能传递给钢丝绳。由于单根钢丝绳产生的摩擦力有限，一般在驱动轮上都有数个绳槽，可容纳多根钢丝绳，获得较大的牵引能力，如图 3-11 所示。

图 3-11 曳引机的驱动轮

②卷筒容绳量

卷筒容绳量是卷筒容纳钢丝绳长度的数值，它不包括钢丝绳安全圈的长度。如图 3-12 所示，对于单层缠绕光面卷筒，卷筒容量（L）见式（3-1）。

$$L = \pi(D+d)(Z-Z_0) \quad (3\text{-}1)$$

式中　d——钢丝绳直径（mm）；

　　　D——光面卷筒直径（mm）；

　　　Z——卷绕钢丝绳的总圈数（B/d）；

　　　Z_0——安全圈数。

图 3-12　卷筒

对于多层绕卷筒，若每层绕的圈数为 Z，则绕到 n 层时，卷筒容绳量计算见式（3-2）。

$$L = \pi n Z(D+nd) \quad (3\text{-}2)$$

（2）钢丝绳

钢丝绳是物料提升机的重要传动部件，物料提升机使用的钢丝绳一般是圆股互捻钢丝绳，即先由一定数量的钢丝按一定螺旋方向（右或左螺旋）绕成股，再由多股围绕着绳芯拧成绳。常用的钢丝绳为 6×19 或 6×37 钢丝绳。

（3）滑轮

通常在物料提升机的底部和天梁上装有导向定滑轮，吊笼顶部装有动滑轮。

物料提升机采用的滑轮通常是铸铁或铸钢制造的。铸铁滑轮的绳槽硬度低，对钢丝绳的磨损小，但脆性大且强度较低，不宜在强烈冲击振动的情况下使用。铸钢滑轮的强度和冲击韧性都较高。滑轮通常支承在固定的心轴上，简单的滑轮可用滑动轴承，大多数起重机的滑轮都采用滚动轴承，滚动轴承的效率较高，装配维修也方便。

滑轮除了结构、材料应符合要求外，滑轮和轮槽的直径，必须与钢丝绳相匹配，直径过小的滑轮将导致钢丝绳早期磨损、断丝和变形等。低架提升机滑轮直径与钢丝绳直径的比率不应小于25，高架提升机滑轮直径与钢丝绳直径的比率不应小于30，使用时应给予充分注意。

滑轮的钢丝绳导入导出处应设置防钢丝绳跳槽装置。物料提升机不得使用开口拉板式滑轮。选用滑轮时应注意卷扬机的额定牵引力、钢丝绳运动速度、吊笼额定载重量和提升速度及正确选择滑轮和钢丝绳的规格。

3.3.3 电气系统

物料提升机的电气系统包括电气控制箱、电器元件、电缆电线及保护系统四个部分，前三部分组成了电气控制系统。

(1) 电气控制箱

由于物料提升机的动力机构大多采用卷扬机，对运行状态的控制要求较低，控制线路比较简单，电气元件也较少，许多操纵工作台与控制箱做成一个整体。常见的电气控制箱外壳是用薄钢板经冲压、折卷、封边等工艺做成，也有使用玻璃钢等材料塑造成形的。箱体上有可开启的检修门，箱体内装有各种电器元件，整体式控制箱的面板上设有控制按钮。使用便携操纵盒的，其连接电缆从控制箱引出。有的控制箱还装有摄像监视装置的显示器台架，方便操作人员的观察和控制。电气控制箱应满足以下要求：

1）如因双笼载物或摇臂把杆吊物的需要配置多台卷扬机的，则应分立设置控制电路，实施"一机一闸一漏"，即每台卷扬机必须单独设置电闸开关和漏电保护开关。

2）电气控制箱壳体必须完好无损，符合防雨、防晒、防砸和防尘等密封要求。

3）电气控制箱的高度、位置和方向应方便司机的操作。

4）固定式电气控制箱必须安装牢靠，电器元件的安装基板必须采用绝缘材料。

5）电气控制箱必须装有安全锁，避免闲杂人员触摸开启。

（2）电气元件

物料提升机的电气元件可分为功能元件、控制操作元件和保护元件三类。

1）功能元件

功能元件是将电源送递执行动作的器件。如声光信号器件、制动电磁铁等。

2）控制操作元件

控制操作元件是提供适当送电方式经功能元件，指令其动作的器件。如继电器（交流接触器）、操纵按钮、紧急断电开关和各类行程开关（上下极限、超载限制器）等。物料提升机禁止使用倒顺开关控制；携带式控制装置应密封、绝缘，控制回路电压不应大于36V，其引线长度不得超过5m。

3）保护元件

保护元件是保障各元件在电器系统有异常时不受损或停止工作的器件。如短路保护器（熔断器、断路器）、失压保护器、过电流保护器和漏电保护器等。漏电保护器的额定漏电动作电流应不大于30mA，动作时间应小于0.1s。

(3) 电缆、电线

1) 接入电源应使用电缆线，宜使用五芯电缆线。架空导线离地面的直接距离、离建筑物或脚手架的安全距离均应大于4m。架空导线不得直接固定在金属支架上，也不得使用金属裸线绑扎。

2) 电控箱内的接线柱应固定牢靠，连线应排列整齐，保持适当间隔；各电器元件、导线与箱壳间以及对地绝缘电阻值，应不小于0.5MΩ。

3) 如采用携带式操纵装置，应使用有橡胶护套绝缘的多股铜芯电缆线，操纵装置的壳体应完好无损，有一定的强度，能耐受跌落等不利的使用条件，电缆引线的长度不得大于5m。

4) 电缆、电线不得有破损、老化，否则应及时更换。

3.3.4 安全装置与辅助部件

物料提升机的安全装置主要包括安全停靠装置、断绳保护装置、上极限限位器、下极限限位器、紧急断电开关、缓冲器、超载限制器、信号装置和通信装置等。低架提升机应设置安全停靠装置、断绳保护装置、上极限限位器、紧急断电开关和信号装置等安全装置；高架提升机除应设置低架提升机的全部安全装置外，还应设置下极限限位器、缓冲器、超载限制器和通信装置。

物料提升机的辅助部件包括附墙架、地锚和缆风绳等。

3.4 物料提升机的工作原理

施工现场的物料提升机一般用电力作为源动力，通过电能转换成机械能，实现作功，来完成载物运输的过程。可简单表示为：电源⇒电动机转换为机械能⇒减速器改变转速和扭力⇒卷扬机卷筒（或曳引轮）⇒牵引钢丝绳⇒滑轮组改变牵引力的方向和大小⇒吊笼载物升降（或摇杆吊运物料）。

3.4.1 电气控制工作原理

施工现场配电系统将电源输送到物料提升机的电控箱，电控箱内的电路元器件按照控制要求，将电送达卷扬电动机，指令电动机通电运转，将电能转换成所需要的机械能。如图 3-13 所示，为典型的物料提升机卷扬电气系统控制方框图。如图 3-14 所示，为一典型的物料提升机电气原理图，电气原理图中各符号名称见表 3-1。其工作原理如下：

图 3-13　控制方框图

物料提升机电器符号名称　　　　表 3-1

序号	符号	名　　称	序号	符号	名　　称
1	SB	紧急断电开关	4	SB3	停止按钮
2	SB1	上行按钮	5	K3	相序保护器
3	SB2	下行按钮	6	FR	热继电器

续表

序号	符号	名称	序号	符号	名称
7	KM1	上行交流继电器	12	SA1	超载保护装置
8	KM2	下行交流继电器	13	SA2	上限位开关
9	FU	熔断器	14	SA3	下限位开关
10	XB	制动器	15	SA4	门限位开关
11	M	电动机	16	QS	电路总开关

图 3-14 电气原理图

（1）物料提升机采用 380V、50Hz 三相交流电源。由工地配备专用开关箱，接入电源到物料提升机的电气控制箱，L_1、L_2、L_3 为三相电源，N 为零线，PE 接地线。

（2）QS 为电路总开关，采用漏电、过载和短路保护功能的漏电断路器。

（3）K3 为断相与错相保护继电器，当电源发生断、错相时，能切断控制电路，物料提升机就不能启动或停止运行。

（4）FR 为热继电器，当电动机发热超过一定温度时，热继电器就及时分断主电路，电动机断电停止转动。

117

(5) 上行控制：按 SB1 上行按钮，首先分断对 KM2 连锁（切断下行控制电路）；KM1 线圈通电，KM1 主触头闭合，电动机启动升降机上行。同时 KM1 自锁触头闭合自锁，KM1 连锁触头分断 KM2 连锁（切断下行控制电路）。

(6) 下行控制：按 SB2 下行按钮，首先分断对 KM1 连锁（切断上行控制电路）；KM2 线圈通电，KM2 主触头闭合，电动机启动升降机下行。同时 KM2 自锁触头闭合自锁，KM2 连锁触头分断 KM1 连锁（切断上行控制电路）。

(7) 停止：按下 SB3 停止按钮，整个控制电路断电，主触头分断，主电动机断电停止转动。

(8) 失压保护控制电路：

当按压上升按钮 SB1 时，接触器 KM1 线圈通电，一方面使电机 M 的主电路通电旋转，另一方面与 SB1 并联的 KM1 常开辅助触头吸合，使 KM1 接触器线圈在 SB1 松开时仍然通电吸合，使电机仍然能旋转。

停止电机旋转时可按压停止按钮 SB3，使 KM1 线圈断电，一方面使主电路的 3 个触头断开，电机停止旋转，另一方面 KM1 自锁触头也断开，当将停止按钮松开而恢复接电时，KM1 线圈这时已不能自动通电吸合。这个电路若中途发生停电失压、再来电时不会自动工作，只有当重新按压上升按钮，电机才会工作。

(9) 双重连锁控制电路：

电路中在 KM1 线圈电路中串有一个 KM2 的常闭辅助触头；同样，在 KM2 线圈电路中串有一个 KM1 的触闭辅助触头，这是保证不同时通电的连锁电路。如果 KM1 吸合物料提升机在上升时，串在 KM2 电路中的 KM1 常闭辅助触头断开，这时即使按压下降按钮 SB2，KM2 线圈也不会通电工作。上述电路中，不仅 2 个接触器通过常闭辅助触头实现了不同时通电的连锁，同时也利用 2 个按钮 SB1、SB2 的一对常闭触头实现了不能同时通电的连锁。

3.4.2 牵引系统工作原理

电动机通过联轴器与减速机的输入轴相连，由减速机来完成减慢转速，增大扭拒的变换之后，减速器的输出轴与钢丝绳卷筒啮合，驱动卷筒以慢速大扭拒转动，缠卷牵引钢丝绳输出牵引力。当电动机断电时，常闭式制动器产生制动力，锁死电动机轴或减速机输入轴，与之啮合的卷筒同时停止转动，保持静止状态。变速传递路径如图 3-15 所示。

图 3-15　JK 型卷扬机传动

（a）示意图；（b）实物图

1—电动机；2—联轴器；3—电磁制动器；4—圆柱齿轮减速器；

5—联轴节；6—卷筒

物料提升机的卷扬机一般与架体分别安装在不同位置的基础上，两基础相隔有一定距离，但也有安装在架体底部的。吊笼是沿导轨上下升降成直线运动，把卷扬机产生的旋转扭力改变成直线牵引力，是依靠卷筒缠绕钢丝绳来完成的。如图 3-16 所示，钢丝绳从卷筒引出到达架体时，首先穿过导向滑轮，将水平牵引

图 3-16 物料提升机牵引示意图

1—吊笼；2—笼顶动滑轮；3—导向滑轮；4—天梁；5—钢丝绳；6—卷筒

力改为垂直向上的力，沿架体达到天梁上的导向滑轮，再改为水平走向到天梁的另一导向定滑轮，转为垂直向下至吊笼牵引提升动滑轮，转向后向上固定在天梁上。滑轮与架体、吊笼应采用刚性连接，严禁采用钢丝绳、钢丝等柔性连接，不得使用开口拉板式滑轮。卷筒收卷时，钢丝绳即牵引吊笼上升；卷筒放卷时，吊笼依靠重力下降，完成升降运行过程。

同理，物料提升机的摇臂把杆也是依靠钢丝绳牵引来完成吊物提升的。一般钢丝绳走向方式见图 3-17。

图 3-17 摇臂起重拔杆钢丝绳走向示意图

1—吊钩；2—导向滑轮；3—拔杆缆索；4—拔杆；5—起重钢丝绳；6—卷筒

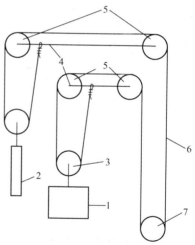

图 3-18 曳引机钢丝绳穿绕示意图

1—吊笼；2—对重块；3—笼顶动滑轮；4—天梁；5—导向滑轮；6—钢丝绳；7—摩擦驱动轮

曳引式卷扬机与可逆式卷扬机不同，它是依靠钢丝绳与驱动轮之间的摩擦力来传递牵引力的。无论吊笼是否载重其牵引钢丝绳必须张紧，才能对驱动轮有压力，产生足够的摩擦牵引力。因此曳引机通常直接设置在架体的底部，除有吊笼外，还需有对重块来保持张力平衡。当吊笼上升时，对重块下降；吊笼下降时，对重块上升。其钢丝绳穿绕方式见图 3-18。

3.5 物料提升机的基础与稳固

3.5.1 地基与承载力

物料提升机的基础必须能够承受架体的自重、载运物料的重量以及缆风绳、牵引绳等产生的附加重力和水平力。物料提升机生产厂家的产品说明书一般都提供了典型的基础方案，当现场条件相近时宜直接采用。当制造厂未规定地基承载力要求时，对于低架提升机，应先清理、夯实、整平基础土层，使其承载力不小于 80kPa。在低洼地点的，应在离基础适当距离外，开挖排水沟槽，排除积水。无自然排水条件的，可在基础边设置集水井，使用抽水设备排水。高架提升机的基础应进行设计，计算时应考虑载物、吊具、架体等重力，还必须注意到附加装置和设施产生的附加力，如：安全门、附着杆、钢丝绳，防护设施以及风载荷等产生的影响。当地基承载力不足时，应采取措施，使之达到设计要求。

当基础设置在构筑物上，如在地下室顶板上，屋面构筑在梁、板上时，应验算承载梁板的强度，保证能可靠承受作用在其上的全部荷载。必要时应采取措施，对梁板进行支撑加固。

3.5.2 物料提升机基础

(1) 无论是采用厂家典型方案的低架提升机，还是有专门设计方案的高架提升机，基础设置在地面上的，应采用整体混凝土基础。基础内应配置构造钢筋。基础最小尺寸不得小于底架的外廓，厚度不小于300mm，混凝土强度不低于C20。

(2) 放置在地面的驱动卷扬机应有适当的基础，不论在卷扬机前后是否有锚桩或绳索固定，均宜用混凝土或水泥砂浆找平，一般厚度不小于200mm，混凝土强度不低于C20，水泥砂浆的强度不低于M20。

(3) 保持物料提升机与基坑（沟、槽）边缘5m以上的距离，尽量避免在其近旁进行较大的振动施工作业。如无法避让时，必须有保证架体稳定的措施。

3.5.3 预埋件和锚固件

(1) 混凝土基础浇捣前，应根据物料提升机型号和底架的尺寸，设置固定底架、导向滑轮座的钢制预埋件或地脚螺栓等锚固件。预埋件应准确定位，最大水平偏差不得大于10mm，地脚螺栓的规格、数量和材质应符合产品说明书的要求。在混凝土基础上还应设置供防护围栏固定的预埋件。

(2) 卷扬机基础也应设置预埋件或锚固的地脚螺栓。由于架体、底座的材质多样，可焊性很难确定，因此固定在预埋件或锚固件上时，不宜直接采用电焊固定，宜用压板、螺栓等方法将架体、底座与预埋件、锚固件连接。

3.5.4 附墙架

为保证物料提升机架体不倾倒，有条件附墙的低架提升机以及所有高架提升机都应采用附墙架稳固架体。附墙架的支撑主杆件应使用刚性材料，不得使用软索。常用的刚性材料有角钢、钢管等型钢。当产品说明书中无详细的规定时，应进行设计计算，并满足强度和稳定性的要求。

当用型钢制作附墙架时，型钢材料的强度不得低于架体。附墙架与架体的连接点，应设置在架体主杆与腹杆的结点处，不得随意向上或向下移位。连接点应使用紧固件将附墙架牢靠固定，不得使用现场焊接等不易控制连接强度和损伤架体的方法。

附墙架应能保证几何结构的稳定性，杆件不得少于三根，形成稳定的三角形状态。各杆件与建筑物连接面处需有适当的分开距离，使之受力良好，杆件与架体中心线夹角一般宜控制在40°左右。内置式井架物料提升机的连接方法如图3-19所示，外置

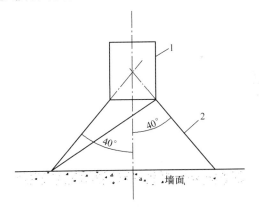

图3-19 内置式井架附墙连接示意图
1—井架的架体；2—附墙杆

式井架物料提升机连接方法如图 3-20 所示,龙门架连接方法如图 3-21 所示。

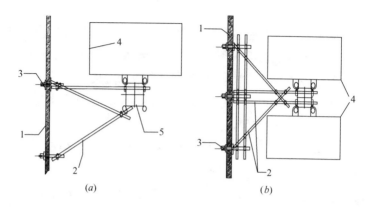

图 3-20　外置式井架物料提升机连接示意图
(a) 单笼附墙；(b) 双笼附墙
1—建筑物；2—附墙杆；3—穿墙螺栓；4—吊笼；5—架体立柱

图 3-21　龙门架型钢附墙架与预埋件连接
1—吊笼；2—龙门架立柱；3—附墙架；4—预埋件；5—节点

附墙架与建筑连接应采用预埋件、穿墙螺栓或穿墙管件等方式。采用紧固件的,应保证有足够的连接强度。不得采用钢丝、铜线绑扎等非刚性连接方式,严禁与建筑脚手架相牵连,附墙架与建筑连接点的构造如图 3-22 所示。

图 3-22 附墙杆与建筑连接点的构造

(a) 节点详图；(b) 钢管与预埋钢管连接；(c) 架体钢管伸入墙内用横管夹住墙体
1—附墙架杆件；2—连接螺栓；3—建筑物结构；4—预埋件；5—扣件；6—预埋短管；7—钢筋混凝土梁；8—附墙架杆；9—横管

3.5.5 缆风绳

当受施工现场的条件限制，低架物料提升机无法设置附墙架时，可采用缆风绳稳固架体。缆风绳的上端与架体连接，下端一般与地锚连接，通过适当张紧缆风绳，保持架体垂直和稳定。

高架提升机架体不得采用缆风绳等软索稳固。

缆风绳应使用钢丝绳，不得使用钢丝、钢筋和麻绳等代替。钢丝绳应能承受足够的拉力，选用时应根据现场实际情况计算确定。缆风钢丝绳的直径不得小于 9.3mm，安全系数不得小于 3.5。

缆风绳与架体的连接应设置在主位杆与腹杆节点等加强处，应采用护套、连接耳板和卸扣等进行连接，防止架体钢材等棱角对缆风绳造成剪切破坏。

3.5.6 地锚

地锚是提供给架体缆风绳和卷扬机拽引机的锚索钢丝绳的拴固物件。采用缆风绳稳固架体时，应拴固在地锚上，不得拴固在树木、电杆、脚手架和堆放的材料设备上。地锚的形式通常有水平式地笼，桩式和压重式等三种。

(1) 水平式和桩式地锚

水平式和桩式地锚都是埋入式地锚。设置在土层地下，依靠土层的重力和内摩擦力来承受缆风绳或锚索的拉力，地锚的设置应根据土质情况及受力大小经设计计算来确定。地锚一般宜采用水平式地锚，当土质坚实，地锚受力小于 15kN 时，也可选用桩式地锚。桩式地锚的设置形式如图 3-23 所示。

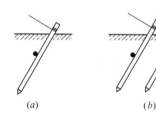

图 3-23 桩式地锚
(a) 单桩地锚；(b) 双桩地锚

当地锚无设计规定时，其规格和形式可按以下情况选用：

1) 水平地锚可按表 3-2 选用。

水平地锚参数表　　　　表 3-2

作用载荷（N）	24000	21700	38600	29000	42000	31400	51800	33000
缆风绳水平夹角（°）	45	60	45	60	45	60	45	60
横置木（中240mm）根数×长度（mm）	1×2500		3×2500		3×3200		3×3300	
埋设深度（m）	1.7		1.7		1.8		2.2	
压板（密排圆木）长（mm）×宽（mm）					800×3200		800×3200	

注：本表系按下列条件确定：木材容许应力 11MPa；填土密度为 1600kg/m²；土层内摩擦角为 45°。

2) 桩式地锚

采用单木桩时，圆木直径不小于 20mm，埋深不小于 1.7m，并在桩的前上方和后下方设置两根横挡木。

采用脚手钢管（$\phi48$）或角钢（L75×6）时，应不少于 2 根且并排设置，间距在 0.5~1.0m 之间，打入深度不小于 1.7m；桩顶部应有缆风绳防滑措施。

(2) 压重式地锚

压重式地锚也称重力地锚。当土层不能开挖，无法埋置地锚时，可采用此方法。压重式地锚通常有一钢架底座，底座上设有锚点耳板。缆索绳通过卸扣、耳板栓牢在钢架上。锚固力的大小与底座上的压重多少相关，应通过设计计算。计算时应充分注意钢架底座与地面的摩擦系数，为保证地锚不滑动，压重应大于所需的计算重力，其安全系数 k 不得小于 2。计算简图如图 3-24 所示，计算应同时满足式（3-3）和式（3-4）。

$$g \geqslant \frac{T \times \cos\alpha}{f} \quad (3-3)$$

$$g \geqslant T \times \sin\alpha \quad (3-4)$$

式中　g——计算重力；
　　　f——钢架底座与地面的摩擦系数；
　　　T——缆风绳（锚索）拉力；
　　　α——缆风绳与地面的夹角。

实际压重 G 应满足式（3-5）要求：

$$G \geqslant k \times g \quad (3-5)$$

图 3-24　地锚示意图
1—缆风绳；2—压重；3—底架

4 安全装置与防护设施

4.1 安全装置

物料提升机的安全装置包括安全停靠装置、断绳保护装置、上极限限位器、下极限限位器、紧急断电开关、缓冲器、超载限制器、信号装置和通信装置等。低架提升机应设置安全停靠装置、断绳保护装置、上极限限位器、紧急断电开关和信号装置等安全装置；高架提升机除应设置低架提升机的全部安全装置外，还应设置下极限限位器、缓冲器、超载限制器和通信装置。

4.1.1 安全停靠装置

安全停靠装置的主要作用是当吊笼运行到位，出料门打开后，如突然发生钢丝绳断裂，吊笼将可靠地悬挂在架体上，从而起到避免发生吊笼坠落、保护施工人员安全的作用。该安全装置能使吊笼可靠定位，并能承受吊笼自重、额定载荷、装卸物料人员重量及装卸时的工作载荷。此时钢丝绳应不受力，只起保险作用。停靠装置为非标部件，因此其形式不一，有手动机械式，也有弹簧自动及电磁连动式；挂靠吊笼的部件可以是挂钩、锲块，也可以是弹闸、销轴。不论采用何种形式，在吊笼停靠时，都必须保证与架体可靠连接。

（1）插销式楼层安全停靠装置

如图 4-1 所示,为一吊笼内置式井架物料提升机插销式楼层停靠装置。其主要由安装在吊笼两侧的吊笼上部对角线上的悬挂插销、连杆、转动臂和吊笼出料门碰撞块以及安装在井架架体两侧的三角形悬挂支架等组成,工作原理是:当吊笼在某一楼层停靠,打开吊笼出料门时,出料门上的碰撞块推动停靠装置的转动臂,并通过连杆使得插销伸出,悬挂在井架架体上的三角形悬挂支撑架上。当出料门关闭时,连杆驱动插销缩回,从三角形悬挂支撑架上脱离,吊笼可正常升降工作。上述停靠装置,也可不与门连动,在靠出料门一侧,设置把手,在人上吊笼前,拨动把手,把手推动连杆,使插销伸出,挂在架体上。当人员出来,恢复把手位置,插销缩进。

图 4-1 插销式楼层停靠装置示意图
1—插销

该装置在使用中应注意:吊笼下降时必须完全将出料门关闭后才能下降,同样吊笼停靠时必须将门完全打开后,才能保证停靠装置插销完全伸出使吊笼与架体可靠连接。

(2) 牵引式楼层安全停靠装置

牵引式楼层停靠装置的工作原理是利用断绳保护装置作为停靠装置,当吊笼出料门打开时,出料门上的碰撞块推动停靠装置的转动臂并通过断绳保护装置的滚轮悬挂板上的钢丝绳牵引带动楔块夹紧在导轨架上,以防止吊笼坠落。它的特点是不需要在架体上安装停靠支架,其缺点是当吊笼的连锁门开启不到位或拉索断裂时,易造成停靠失效,因此使用时,应特别注意停靠制动的有效性,工作原理见图 4-2。

(3) 连锁式楼层安全停靠装置

如图 4-3 所示,为一连锁式楼层安全停靠装置示意图,其工作原理是当吊笼到达指定楼层,工作人员进入吊笼之前,要开启上下推拉的出料门。吊笼出料门向上提升时,吊笼门平衡重 1 下降,拐臂杆 2 随之向下摆,带动拐臂 4 绕转轴 3 顺时针旋转,随之放松拉线 5,插销 6 在压簧 7 的作用下伸出,挂靠在架体的停靠横担 8 上。吊笼升降之前,必须关闭出料门,门向下运动,吊

图 4-2 牵引式层楼停靠装置
1—导向滑轮;2—导轨;3—拉索;
4—楔块抱闸;5—吊篮;6—转动臂;
7—碰撞块;8—出料门

笼门平衡重 1 上升,顶起拐臂杆 2,带动拐臂 4 绕转轴 3 逆时针旋转,随之拉紧拉线 5,拉线将插销从横担 8 上抽回并压缩压簧 7,吊笼便可自由升降。

图 4-3 连锁式楼层安全停靠装置示意图
1—吊笼门平衡重;2—拐臂杆;3—转轴;4—拐臂;
5—拉线;6—插销;7—压簧;8—横担;9—吊笼门

4.1.2 断绳保护装置

断绳保护装置又称防坠安全装置。当钢丝绳突然断裂或钢丝绳尾部的固定松脱,该装置能立刻动作,使吊笼可靠停住并固定在架体上,阻止吊笼坠落。防坠安全装置的形式较多,从简易到复杂有一个逐步完善的发展过程。20世纪80年代以前,多采用弹闸、杠杆挂钩等简易瞬时式防坠装置,冲击力较大,易对架体缀杆和吊笼造成损伤。为改变这种弊病,逐步出现了夹钳式、楔块抱闸式和旋撑制动式等较复杂渐进式防坠装置,吊笼在坠落过程中依靠偏心轮、斜楔或旋撑杆的作用,逐渐接近架体上的导轨,直至摩擦构件压紧导轨并锁住,使吊笼牢靠地固定在导轨即架体上。因锁紧作用的发生有一个延时的过程,冲击力衰减,对架体和吊笼损伤较小。采用此类防坠装置必须保证摩擦锁紧效果,注意保持导轨和偏心轮、斜楔或旋撑杆的清洁,尤其锁紧面不得沾有油污。

任何形式的防坠安全装置,当断绳或固定松脱时,吊笼锁住前的最大滑行距离,在满载情况下,不得超过1m。

(1) 弹闸式防坠装置

如图4-4所示,为一弹闸式防坠装置,其工作原理是:当起升钢丝绳4断裂,弹闸拉索5失去张力,弹簧3推动弹闸销轴2向外移动,使销轴2卡在架体缀杆6上,瞬间阻止吊笼坠落。该装置在作用时对架体缀杆和吊笼产生较大的冲击力,易造成架体缀杆和吊笼损伤。

(2) 夹钳式断绳保护装置

夹钳式断绳保护装置的防坠制动工作原理是:当起升钢丝绳突然发生断裂,吊笼处于坠落状态时,吊笼顶部带有滑轮的平衡梁在吊笼两端长孔耳板内由于自重作用下移时,此时防坠装置的

图 4-4 弹闸式防坠装置示意图

1—架体；2—弹闸；3—弹簧；4—起升钢丝绳；
5—弹闸拉索；6—架体横缀杆；7—吊笼横梁

一对制动夹钳在弹簧力的推动下，迅速夹紧在导轨架上，从而避免了吊笼坠落。当吊笼在正常升降时，由于滑轮平衡梁在吊笼两侧长孔耳板内抬升上移并通过拉环使得防坠装置的弹簧受到压缩，制动夹钳脱离导轨，工作原理参见图 4-5。

图 4-5 夹钳式断绳保护装置

1—提升滑轮；2—提升钢丝绳；3—平衡梁；
4—防坠器架体（固定在吊篮上）；5—弹簧；
6—拉索；7—拉环；8—制动夹钳；
9—吊篮；10—导轨

（3）拨杆楔形断绳保护装置

如图 4-6 所示，为一拨杆楔形断绳保护装置。工作原理是当吊笼起升钢丝绳发生意外断裂时，滑轮 1 失去钢丝绳的牵引，在自重和拉簧 2 的作用下，沿耳板 3 的竖向槽下落，传力钢丝绳 4 松弛，在拉簧 2 的作用下，摆杆 6 绕转轴 7 转动，带动拨杆 8 偏转，拨杆上挑，通过拨销 9

带动楔块10向上，在锥度斜面的作用下抱紧架体导轨，使吊笼迅速有效制动，防止吊笼坠落事故发生。正常工作时则相反，吊笼钢丝绳提起滑轮1，绷紧传力钢丝绳4，在传力钢丝绳4的拉力下，摆杆6绕转轴7转动，带动拨杆8反向偏转，拨杆下压，通过拨销9、带动楔块10向下，在锥度斜面的作用下，使楔块与架体导轨松开。

图4-6 拨杆楔形断绳保护装置
1—滑轮；2—拉簧；3—耳板；4—传力钢丝绳；5—吊笼；
6—摆杆；7—转轴；8—拨杆；9—拨销；10—楔块；11—起升钢丝绳

(4) 旋撑制动保护装置

如图4-7所示，旋撑制动保护装置具有一浮动支座，支座的两侧分别由旋转轴固定两套撑杆、摩擦制动块、拨叉、支杆、弹簧和拉索等组成。其工作原理是，该装置在使用时，两摩擦制动块置于提升机导轨的两侧。当提升机钢丝绳6断裂时，拉索4松弛，弹簧拉动拨叉2旋转，提起撑杆7，带动两摩擦块向上并向导轨方向运动，卡紧在导轨上，使浮动支座停止下滑，进而阻止吊笼向下坠落。

(5) 惯性楔块断绳保护装置

该装置主要由悬挂弹簧、导向轮悬挂板、楔形制动块、制动架、调节螺栓、支座等组成。防坠装置分别安装在吊篮顶部两侧。该断绳保护装置的制动工作原理主要是利用惯性原理来使得防坠装置的制动块在吊笼突然发生钢丝绳断裂下坠时能紧紧夹在导轨架上。当吊篮在正常升降时，导向轮悬挂板悬挂在悬挂弹簧上，此时弹簧处于压缩状态，同时楔形制动块与导轨架自动处于脱离状态。当吊篮起升钢丝绳突然断裂时，由于导向轮悬挂板突然发生失重，原来受压的弹簧突然释放，导向轮悬挂板在弹簧力的推动作用下向上运动，带动楔形制动块紧紧夹在导轨架上，从而避免发生吊篮的坠落，工作原理和外观参见图 4-8。

图 4-7 旋撑制动保护装置
1—吊笼；2—拨叉；3—导轨；
4—拉索；5—吊笼提升动滑轮；
6—提升机钢丝绳；7—撑杆

(a)　　　　　　(b)

图 4-8 惯性楔块断绳保护装置
(a) 防坠工作原理；(b) 外观实物照片
1—提升钢丝绳；2—吊篮提升动滑轮；3—调节螺栓；4—拉索；
5—悬挂弹簧；6—导向轮悬挂板；7—制动架；8—楔形制动块；
9—支座；10—吊篮；11—导轨

4.1.3 限位限载装置

(1) 上极限限位器

为防止操作人员误操作或机电故障引起的吊笼上升时的失控，应在吊笼允许提升的最高工作位置，设置限位装置，一般由可自动复位的行程开关和撞铁组成；也可以在卷扬机的钢丝绳卷筒轴端设置限位开关。当吊笼达到极限位置时即自行切断电源（指可逆卷扬机），此时吊笼只能下降，不能上升。该极限位置应在吊笼顶的最高处离天梁最低处距离不小于3m的地方，该距离称为吊笼的越程距离。

(2) 下极限限位器

为防止吊笼下降时超越最低的极限位置，造成意外事故，在吊笼允许达到的最低规定位置处设置该装置，和上极限限位器类同，一般也由可自动复位的行程开关和撞铁组成，当吊笼达到极限位置时，应在吊笼碰到缓冲器前即动作并自行切断电源，此时吊笼只能上升，不能下降。

(3) 超载限制器

超载限制器是高架物料提升机重要的安全装置。当起升载荷超过额定载荷时，该装置能输出电信号，切断起升控制回路，并能发出警报，达到防止物料提升机超载的目的。常用的超载限制器有机械式和电控式二种。机械式超载限制器的主要传感元件为触板和弹簧，触板随载荷增大而变形，达到一定程度时克服弹簧的弹力，触动行程开关切断起升电源，吊笼不能上升，只有卸载到额定载重量后才能通电启动；电控式超载限制器通过限载传感器和传输电缆，将载重量变换成电信号，超载时切断起升控制回路电源，在卸荷到额定值时才恢复通电，方能启动。超载限制器应在荷载达到额定荷载的90%时,即发出警报,以引起司机和运料人员的注意,超过额定荷载时即切断起升电源。

(4) 紧急断电开关

简称急停开关,应装在司机容易控制的位置,采用非自动复位的红色按钮开关。在紧急情况下,能及时切断电源。排除故障后,必须人工复位,以免误动作,确保安全。

(5) 缓冲器

为缓解吊笼超过最低极限位置或意外下坠时产生的冲击,在架体底部设置的一种弹性装置,可采用螺旋弹簧、钢板锥卷弹簧或弹性实体如橡胶等。该装置应在吊笼以额定载荷和速度作用其上时,承受并吸收所产生的冲击力。

4.1.4 信号和通信装置

(1) 信号装置

信号装置是一种由司机控制的音响或灯光显示装置,能足以使各层装卸物料的人员清晰听到或看到。常见的是在架体或吊笼上装设警铃或蜂鸣器,由司机操作鸣响开关,通知有关人员吊笼的运行状况。

(2) 通信装置

因架体较高,吊笼停靠楼层较多时,司机看不清作业及指挥人员信号,应加设电气通信装置,该装置必须是一个闭路双向通信系统,司机能与每楼层通话联系。一般是在楼层上装置呼叫按钮,由装卸物料的人员使用,司机可以清晰地了解使用者的需求,并通过音响装置给予回复。

4.2 防护设施

4.2.1 安全门与防护棚

(1) 底层围栏和安全门

为防止物料提升机的作业区周围闲杂人员进入，或散落物坠落伤人，在底层应设置不低于 1.5m 高的围栏，并在进料口设置安全门。

(2) 层楼通道口安全门

为避免施工作业人员进入运料通道时不慎坠落，宜在每层楼通道口设置常闭状态的安全门或栏杆，只有在吊笼运行到位时才能打开。宜采用连锁装置的形式，门或栏杆的强度应能承受 1kN（100kg 左右）的水平荷载。

(3) 上料口防护棚

物料提升机的进料口是运料人员经常出入和停留的地方，吊笼在运行过程中有可能发生坠物伤人事故，因此在地面进料口搭设防护棚十分必要。应根据吊笼运行高度、坠物坠落半径，搭设防护棚。

(4) 警示标志

物料提升机进料口应悬挂严禁乘人标志（图 4-9）和限载警示标志。

图 4-9 禁止乘人标志

4.2.2 电气防护

物料提升机应当采用 TN-S 接零保护系统，也就是工作零线（N 线）与保护零线（PE 线）分开设置的接零保护系统。

（1）提升机的金属结构及所有电气设备的金属外壳应接地，其接地电阻不应大于 10Ω。

（2）若在相邻建筑物、构筑物的防雷装置保护范围以外的物料提升机应安装防雷装置。

1）防雷装置的冲击接地电阻值不得大于 30Ω。

2）接闪器（避雷针）可采用长 1～2m、ϕ16 镀锌圆钢。

3）提升机的架体可作为防雷装置的引下线，但必须有可靠的电气连接。

（3）做防雷接地物料提升机上的电气设备，所连接的 PE 线必须同时做重复接地。

（4）同一台物料提升机的重复接地和防雷接地可共用同一接地体，但接地电阻应符合重复接地电阻值的要求。

（5）接地体可分为自然接地体和人工接地体两种。

1）自然接地体是指原已埋入地下并可兼作接地用的金属物体。如原已埋入地中的直接与地接触的钢筋混凝土基础中的钢筋结构、金属井管和非燃气金属管道等，均可作为自然接地体。利用自然接地体，应保证其电气连接和热稳定。

2）人工接地体是指人为埋入地中直接与地接触的金属物体。用作人工接地体的金属材料通常可以采用圆钢、钢管、角钢、扁钢及其焊接件，但不得采用螺纹钢和铝材。

5 物料提升机的使用与维护保养

为了确保物料提升机的使用安全，预防在使用中发生重大安全事故，物料提升机使用单位应当建立物料提升机的验收、检查和维护保养制度，制定安全操作规程。物料提升机司机应严格按照操作规程进行操作，维护人员要经常性的对物料提升机进行检查，掌握机械状况变化和磨损发展情况，及时进行维护保养，消除隐患，预防突发故障和事故。

5.1 物料提升机的调试和验收

5.1.1 调试

物料提升机的调试是安装工作的重要组成部分和不可缺少的程序，也是安全使用的保证措施。调试应包括调整和试验两方面内容。调整须在反复试验中进行，试验后一般也要进行多次调整，直至符合要求。物料提升机的调试主要有以下几项：

（1）卷扬机制动器的调试

卷扬机一般都采用电磁铁闸瓦（块式）制动器，影响制动效果的因素主要是主弹簧的张力及制动块与制动轮的间隙。提升机安装后，应进行制动试验，吊笼在额定载荷运行制动时如有下滑现象，就应调整制动器。因调整主弹簧的张力同时也影响推杆行程及制动块间隙，因此可对两个调整螺钉同时进行调整；调整间隙应根据产品不同型号及说明书要求进行，无资料时，间隙一般可控制在0.8～1.5mm之间。调整后必须进行额定载荷下的制动试验。

（2）架体垂直度的调整

架体垂直度的调整应在架体安装过程中按不同高度分别进行，每安装两个标准节时应设置临时支撑或缆风绳，此时即进行架体的垂直度校正；安装相应高度附墙架或缆风绳时再进行微量调整，安装达预定高度后进行垂直度复测。

垂直度测量时，先将吊笼下降至地面，使用线锤或经纬仪从吊笼垂直于长度方向（X向）与平行于吊笼长度方向（Y向）分别测量架体的垂直度，重复3次取平均值，并做记录，安装垂直度偏差应保持在3/1000以内，且不得大200mm。

（3）导靴与导轨间隙的调整

在吊笼就位穿绕钢丝绳后，开动卷扬机，使吊笼离地0.5m以下，按设备使用说明书要求调整导靴与导轨间隙。说明书没有明确要求的，可控制在5～10mm以内。

（4）缆风绳垂度的调整

为保证缆风绳的足够张拉程度，以利架体的稳固，应在缆风绳安装时及时调紧。缆风绳的垂度（钢丝绳在自重下，与张紧后理想直线间的偏移距离）不应大于缆风绳长度的1%。

由于现场条件的限制，很难精确测量，可在花篮螺栓调紧时用手感掌握，也可采用以下近似测量方法，参见图5-1。由于缆风绳的安装高度"H"较高，精确测

图5-1 近似测量缆风绳垂度示意图

量比较困难，可用标准节高度计算。任选钢丝绳的一个测点 A（2～3m 高即可），用重锤找出地面的垂足 N 点，测量出 h 大小和 M、N 二点的高差；分别量出锚桩点至 M 和 N 点的距离 B 及 b。

根据三角形相似原理有以下几何关系式：$\frac{H}{h}=\frac{B}{b}$；考虑高差因素和垂度要求，h 值应符合式（5-1）。

$$h \geqslant (1-0.01) \times \left(\frac{H \times b}{B} \pm \Delta\right) \tag{5-1}$$

（N 点比 M 点高，取"—"号运算。）

(5) 上、下极限限位的调试

上极限限位的位置应满足 3m 的越程距离；高架提升机的下极限限位，应在吊笼碰到缓冲器前就动作，否则应调整行程开关或撞铁的位置。安装和调整后要进行运行试验，直至符合要求。

(6) 断绳保护装置调试

对渐进式（楔块抱闸式）的安全装置，可进行坠落试验。试验时将吊笼降至地面，先检查安全装置的间隙和摩擦面清洁情况，符合要求后按额定载重量在吊笼内均匀放置；将吊笼升至 3m 左右，利用停靠装置将吊笼挂在架体上，放松提升钢丝绳 1.5m 左右，松开停靠装置，模拟吊笼坠落，吊笼应在 1m 距离内可靠停住。超过 1m 时，应在吊笼降地后调整楔块间隙，重复上述过程，直至符合要求。

(7) 超载限制器调试

将吊笼降至离地面 200mm 处，逐步加载，当载荷达到额定载荷 90% 时应能报警；继续加载，在超过额定载荷时，即自动切断电源，吊笼不能启动。如不符合上述要求，应通过调节螺栓螺母改变弹簧的预压缩量来进行调整。

(8) 电气装置调试

升降按钮、急停开关应可靠有效,漏电保护器应灵敏,接地防雷装置可靠。

5.1.2 自检

物料提升机安装完毕,应当按照安全技术标准及安装使用说明书的有关要求对物料提升机钢结构件、提升机构、附墙架或缆风绳、安全装置和电气系统等进行自检,自检的主要内容与要求见表 5-1。

物料提升机安装完毕后,应进行空载、额定荷载和超载试验,方法如下:

(1) 空载试验

1) 在空载情况下以提升机各工作速度进行上升、下降、变速和制动等动作,在全行程范围内,反复试验,不得少于 3 次;

2) 在进行上述试验的同时,应对各安全装置进行灵敏度试验;

3) 双吊笼提升机,应对各单吊笼升降和双吊笼同时升降,分别进行试验;

4) 空载试验过程中,应检查各机构动作是否平稳、准确,不允许有振颤、冲击等现象。

(2) 额定载荷试验

吊笼内施加额定荷载,使其重心位于从吊笼的几何中心,沿长度和宽度两个方向,各偏移全长的 1/6 的交点处。除按空载试验动作运行外,并应作吊笼的坠落试验。试验时,将吊笼上升 3～4m 停住,进行模拟断绳试验。额定荷载试验:即按说明书中规定的最大载荷进行动作运行。

(3) 超载试验

一般只在第一次使用前,或经大修后进行,超载试验应符合下列规定:

取额定荷载的125%（按5%逐级加荷）,荷载在吊笼内均匀布置,做上升、下降、变速和制动（不做坠落试验）。动作准确可靠,无异常现象,金属结构不得出现永久变形、可见裂纹、油漆脱落以及连接损坏、松动等现象。

物料提升机安装检验内容　　　　　　表5-1

检查项目	序号	检查内容	要求	结果
架体	1	架体外观	无可见裂纹、严重变形和锈蚀	
	2	螺栓连接件	齐全、可靠	
	3	连接销轴	齐全、可靠	
	4	垂直度	偏差值不大于3/1000,且不大于200mm	
	5	吊笼导轨	导轨无明显变形、接缝无明显错位、吊笼运行无卡阻,导轨接点截面错位不大于1.5mm	
	6	架体开口处	须有效加固	
	7	底架与基础的连接	应可靠	
吊笼	8	吊笼外观	无可见裂纹、严重变形和锈蚀	
	9	底板	应牢固、无破损	
	10	安全门	应灵活、可靠	
	11	周围挡板、网片	高度不小于1m,且安全、可靠	
附着装置或缆风绳	12	附着装置连接	符合设计或说明书要求,且不能与脚手架等临时设施相连	
	13	附着装置间距	应符合说明书要求,且应不大于9m	
	14	附墙后自由端高度	应符合说明书要求,且应不大于6m	

续表

检查项目	序号	检查内容	要　　求	结果
附着装置或缆风绳	15	缆风绳安装	应符合说明书要求,且地夹角应不大于60°	
	16	缆风绳直径	应符合说明书要求,且应不小于9.3mm	
	17	缆风绳数量	提升机高度20m及以下时,不少于1组4根;大于20m时,不少于2组8根	
提升机构	18	卷扬机生产制造许可证、产品合格证	齐全、有效	
	19	钢丝绳完好度	应完好,达到报废标准的应报废	
	20	钢丝绳尾部固定	有防松性能、符合设计要求	
	21	卷筒排绳	应整齐、容绳量能满足	
	22	钢丝绳在卷筒上最少余留圈数	不少于3圈	
	23	卷筒两侧边缘的高度	超过最外层钢丝绳高度应不大于2倍钢丝绳直径	
	24	滑轮直径	应与钢丝绳匹配,低架$D \geqslant 25d$,高架$D \geqslant 30d$	
	25	机架固定	应锚固可靠	
	26	联轴器	应工作可靠	
	27	制动器	有效、可靠	
	28	控制盒	按钮式应点动控制,手柄式应有零位保护;并均有急停开关,采用安全电压	

续表

检查项目	序号	检查内容	要 求	结果
提升机构	29	操作棚	有防雨、防砸等防护功能,视线良好	
	30	摇臂把杆	工作夹角和范围应符合说明书要求,不得与缆风绳干涉且设保险绳	
安全装置和设施	31	停层安全保护装置	应设,安全可靠	
	32	断绳保护装置	应安全可靠,坠落距离不大于1m	
	33	上限位	应灵活有效,越程不小于3m	
	34	下限位	高架机应设置,且灵活有效	
	35	层楼安全门	应安全可靠	
	36	底层安全围护、安全门	围护高度不小于1.5m,安全门和连锁装置有效	
	37	上料防护棚	符合规定、有防护功能	
	38	超载限制器	高架机应设置,且灵敏可靠	
	39	缓冲装置	高架机应设置,且有效可靠	
	40	卷筒防脱绳保险	应设,有效可靠	
	41	滑轮防钢丝绳跳槽装置	应设、有效可靠	
电气和标志	42	接地装置	应外露牢固,接地电阻不大于10Ω	
	43	通信或联络装置	应设置	
	44	漏电开关	应单独设置	

续表

检查项目	序号	检查内容	要求	结果
电气和标志	45	绝缘电阻	应不小于 0.5MΩ	
	46	层楼标志	齐全、醒目	
	47	限载标志	应设置、醒目	
	48	警示标牌	挂醒目位置,内容符合现场要求	
试验	49	空载试验	各机构动作应平稳、准确,不允许有振颤、冲击等现象	
	50	额定载荷试验	各机构动作应平稳、无异常现象;模拟断绳试验合格,架体、吊笼、导轨等无变形	
	51	超载试验(额定载荷的125%)	动作准确可靠,无异常现象,金属结构不得出现永久变形、可见裂纹、油漆脱落以及连接损坏、松动等现象	

5.1.3 验收

物料提升机经安装单位自检合格后,使用单位应当组织产权(出租)、安装和监理等有关单位进行综合验收,验收合格后方可投入使用,未经验收或者验收不合格的不得使用;实行总承包的,由总承包单位组织产权(出租)、安装、使用和监理等有关单位进行验收。

验收内容主要包括技术资料、标识与环境以及自检情况等,具体内容参见表 5-2。

物料提升机综合验收表

表 5-2

使用单位		型号	
设备产权单位		设备编号	
工程名称		安装日期	
安装单位		安装高度	
检验项目	检查内容		检验结果
技术资料	制造许可证、产品合格证、制造监督检验证明、产权备案证明齐全、有效		
	安装单位的相应资质、安全生产许可证及特种作业岗位证书齐全、有效		
	安装方案、安全交底记录齐全有效		
	隐蔽工程验收记录和混凝土强度报告齐全有效		
	安装前零部件的验收记录齐全有效		
标识与环境	产品铭牌和产权备案标识齐全		
	与外输电线的安全距离符合规定		
自检情况	自检内容齐全,标准使用正确,记录齐全有效		

安装单位验收意见:	使用单位验收意见:
技术负责人签章:　　　日期:	项目技术负责人签章:　　　日期:
监理单位验收意见:	总承包单位验收意见:
项目总监签章:　　　日期:	项目技术负责人签章:　　　日期:

5.2 物料提升机的使用

5.2.1 物料提升机的使用管理制度

(1) 设备管理制度

1) 物料提升机应由设备部门统一管理,不得对卷扬机和架体分开管理。

2) 物料提升机应纳入机械设备的档案管理,建立档案资料。

3) 金属结构存放时,应放在垫木上;在室外存放,要有防雨及排水措施。电气、仪表及易损件要专门安排存放,注意防振、防潮。

4) 运输物料提升机各部件时,装车应平整,尽量避免嗑碰,同时应注意物料提升机的配套性。

(2) 持证上岗制度

物料提升机司机属于特种作业人员,应年满18周岁,具有初中以上的文化程度,接受专门安全操作知识培训,经建设主管部门考核合格,取得《建筑施工特种作业操作资格证书》,方可从事物料提升机的操作工作。作为物料提升机司机应当遵守以下规定:

1) 每年须进行一次身体检查,矫正视力不低于5.0,没有色盲、听觉障碍、心脏病、贫血、美尼尔症、癫痫、眩晕、突发性昏厥和断指等妨碍起重作业的疾病和缺陷。

2) 首次取得证书的人员实习操作不得少于三个月。否则,不得独立上岗作业。

3) 每年应当参加不少于24小时的安全生产教育。

(3) 交接班制度

交接班制度明确了交接班司机的职责，交接程序和内容，是物料提升机使用管理的一项非常重要的制度。内容主要包括对物料提升机的检查、设备运行情况记录、存在的问题和应注意的事项等，交接班应进行口头交接，填写交接班记录，并经双方签字确认。

物料提升机司机交接班记录见表 5-3。

物料提升机司机交接班记录　　　　表 5-3

工程名称		设备编号			
设备型号		运转台时		天气	
1	本班设备运行情况：				
2	本班设备作业项目及内容：				
3	本班应注意的事项：				
交班人（签名）：			接班人（签名）：		
交接时间：				年　月　日　时　分	

(4) 三定制度

"三定"制度是做好物料提升机使用管理的基础。"三定"制度即定人、定机、定岗位责任，是把物料提升机和操作人员相对固定下来，使物料提升机的使用、维护和保养的每一个环节、每项要求都落实到具体人，有利于增强操作人员爱护物料提升机的责任感。对保持物料提升机状况良好、促使操作人员熟悉物料提升机性能，熟练掌握操作技术，正确使用维护，防止事故发生等都具有积极的作用，并有利于开展经济核算、评比考核和落实奖罚制度。

5.2.2 物料提升机的检查

(1) 使用前的检查

物料提升机司机班前必须对操作的物料提升机进行检查和试车，检查和试车主要包括以下主要内容：

1) 金属结构有无开焊、裂纹和明显变形现象。

2) 架体各节点连接螺栓是否紧固。

3) 附墙架的连接是否牢固，地锚与缆风绳的连接是否有松动。

4) 钢丝绳、滑轮组的固结情况；卷筒的绕绳情况，发现斜绕或叠绕时，应松绳后重绕。

5) 进行空载试运行，升降吊笼各一次，验证上下限位器和安全停靠装置是否灵敏可靠；观察吊笼运行通道内有无障碍物。

6) 负载运行，检查制动器的可靠性和架体的稳定性。

7) 各层接料口的栏杆和安全门是否完好，连锁装置是否有效，安全防护设施是否符合要求。

8) 电气设备及操作系统是否可靠，信号及通信装置的使用效果是否良好清晰。

9) 司机的视线是否清晰良好。

(2) 定期检查

物料提升机的定期检查应每月进行一次，检查内容包括：

1) 金属结构有无开焊、锈蚀和永久变形。

2) 架体及附墙架各节点的螺栓紧固情况。

3) 提升机构（卷扬机）制动器、联轴器磨损情况，减速机和卷筒的运行情况。

4) 钢丝绳、滑轮的完好性及润滑情况。

5) 附墙架或缆风绳、地锚等有无松动。

6) 安全装置和防护设施有无缺损、失灵。
7) 电气设备的接零保护和接地情况是否完好。
8) 进行断绳保护装置的可靠性、灵敏度试验。

定期检查记录的项目和内容可参照表5-4。

物料提升机检查记录表　　　　表5-4

序号	项目	检 查 内 容	结果
1	架体稳定	架体垂直度	
2		架体基础	
3		缆风绳锚固	
4		地锚稳定	
5		附墙架	
6	吊篮	吊笼安全门	
7		导靴、导靴与导轨间隙	
8	传动系统	卷筒钢丝绳缠绕整齐	
9		卷筒、滑轮转动灵活	
10		卷筒、滑轮轮缘完好	
11		卷筒钢丝绳防脱保险装置齐全有效	
12	卷扬机	卷扬机地锚	
13		联轴器	
14		制动器	
15	钢丝绳	钢丝绳磨损、腐蚀、缺油	
16		绳夹固定	
17		钢丝绳拖地保护	
18	安全装置	断绳保护装置	
19		吊笼停靠装置	
20		上极限位器	
21		缓冲器	
22		超载限制器	
23		下极限限位器	

续表

序号	项目	检查内容	结果
24	楼层、地面架体防护	卸料平台和通道两侧防护栏杆设置	
25		卸料平台和通道脚手板搭设	
26		卸料通道防护门	
27		地面进料口防护棚	
28		地面围栏	
29		地面进料口安全门	
30		架体外侧立网防护	
31	摇臂把杆	摇臂把杆	
32		溜绳	
33	信号装置	音响信号装置	
34	通信装置	双向电气通信系统	
35	电气控制	操作开关灵敏可靠	
36		漏电保护器灵敏可靠	

5.2.3 物料提升机安全操作规程

(1) 安全操作规程的制订

操作规程是司机作业活动的准则，也是指导司机正确使用和操作的重要依据，因此不仅要认真制订，而且应制订得科学、合理和周密。安全操作规程的制定，应由企业的技术负责人组织、会同设备和安全人员共同进行编制。安全操作规程一般应包括以下内容：

1) 人员条件的要求：应在操作规程中明确提出司机人员的年龄、健康和文化程度的要求；酒后、疲劳、情绪异常等即时条件的限制；持证上岗及劳保防护用品使用；操作人员与运送物料人员的配合、协调等。

2）作业环境的要求：应在操作规程中规定物料提升机适用的环境条件，包括气象自然条件如不宜作业的恶劣天气、环境温度等；正常作业时电源电压波动范围的限制；夜间作业的照明条件；作业区的警示措施等。

3）操作注意事项：应在操作规程中详细阐明作业前、作业中、作业后应做好的工作；电气开关和安全装置的正确操作方法；使用中主要的注意事项及发生意外情况时的应急措施等。

4）维修保养的规定：为确保物料提升机良好的技术状态，避免事故隐患，应在操作规程中列出指导性的维修保养内容，包括简单故障的排除要领，日常及定期保养的周期、内容、注意事项等。

(2) 物料提升机安全操作规程

1）物料提升机司机必须经过有关部门专业培训，考核合格后取得特种作业人员操作资格证书，持证上岗。

2）必须定机、定人、定岗作业。

3）物料提升机司机必须进行班前检查和保养，作业前，检查卷扬机与地面固定情况；防护设施、电气线路，钢丝绳有无断丝磨损；制动器灵敏松紧适度，联轴器螺栓紧固，弹性皮圈完好无损坏缺少，接零接地保护装置良好；卷筒上绳筒保险完好不得缺挡松动；皮带、开式齿轮传动部位防护齐全有效，确认各类安全装置是否安全可靠，全部合格后方可使用。

4）物料提升机司机应在班前进行空载试运行。

5）开机前应先检查吊笼门是否关闭，货物是否放置平稳，有无伸出笼外部分。

6）物料在吊笼内应均匀分布，不得超出吊笼。长料立放和小车置于吊笼内，应采取防滚动措施；散料应装箱或装笼。

7）开机前须检查吊笼是否与其他施工件有连接，并随时注意建筑物上的外伸物体,防止与吊笼碰撞、挂拉。

8) 严禁超载运行。

9) 物料提升机司机操作时,高架提升机应使用通信装置联系。低架提升机在多工种、多楼层同时使用时,应设专门指挥人员,信号不清不得开机。作业中无论任何人发出紧急停车信号,应立即执行。

10) 发现安全装置、通信装置失灵时应立即停机修复。

11) 操作中或吊笼尚悬空吊挂时,物料提升机司机不得离开驾驶岗位。

12) 当安全停靠装置没有固定好吊笼时,严禁任何人员进入吊笼;吊笼安全门未关好或人未走出吊笼时,不得升降吊笼。

13) 严禁任何人员攀登、穿越提升机架体和乘坐吊笼上下。

14) 发现安全装置、通信装置失灵时,应立即停机修复。

15) 作业中不得将极限限位器当作停止开关使用。

16) 使用中物料提升机司机必须时刻注意钢丝绳的状态,卷筒上钢丝绳应排列整齐,吊笼落至地面时,卷筒上钢丝绳至少应保留3圈。当重叠或叠绕时,应停机重新排列,严禁在转动中用手拉脚踩钢丝绳。

17) 装设摇臂把杆的井字架,其吊笼与摇臂把杆不得同时使用。

18) 闭合电源前或作业中突然停电时,应将所有开关扳回零位。在重新恢复作业前,应在确认提升机动作正常后方可继续使用。

19) 物料提升机发生故障或维修保养必须停机,切断电源后方可进行;维修保养时应切断电源,在醒目处挂"正在检修,禁止合闸"的标志,现场须有人监护。

20) 提升钢丝绳运行中不得拖地面和被水浸泡;必须穿越主要干道时,应挖沟槽并加保护措施;严禁在钢丝绳穿行的区域内堆放物料。

21）物料提升机司机不得擅离岗位，暂停作业离开时，应将吊笼降至地面并切断总电源。

22）作业结束后，应降下吊笼，将所有开关扳回零位，切断总电源，锁好物料提升机开关箱，防止其他人员擅自启动提升机。

5.2.4 物料提升机的操作

（1）物料提升机的操作步骤

1）在操作前，司机应首先按要求进行班前检查。

2）送电后，进行空载试运转，无异常后，方可正常作业。

3）物料进入吊笼内，笼门关闭后，发出音响信号示意，按下上升按钮使物料提升机吊笼向上运行。

4）运行到某一指定接料平台处，按下停止按钮，吊笼停止。

5）待物料推出吊笼外，笼门关闭后，发出音响信号示意，按下下降按钮使物料提升机吊笼向下运行，运行到地面，按下停止按钮，吊笼停止，完成一个操作过程。

（2）紧急情况处理

在物料提升机使用过程中，有时会发生一些紧急情况，此时司机首先要保持镇静，采取一些合理有效的应急措施，等待维修人员排除故障，尽可能地避免或减少损失。

1）吊笼在运行时，突然停电

吊笼在运行中突然断电时，司机应立即向周围人员发出示警，把各控制开关置于零位，关闭电气控制箱内的电源开关，防止突然来电时发生意外，并与有关人员联系，判明断电原因。若恢复供电时间较长，应采用手动方式下降吊笼，下降时需两人配合，一人按动制动器，一人观察指挥，控制吊笼下行速度，直至下降到安全位置。

2）吊笼在运行时，制动突然失灵

物料提升机在行驶中或停层时，出现制动失灵现象时，司机应向周围人员发出示警，开动卷扬机，将吊笼降到地面，断开电源，由有关人员对制动器进行维修。

3）吊笼在运行时，钢丝绳突然被卡住

吊笼在运行中钢丝绳突然被卡住时，司机应及时按下紧急断电开关，使卷扬机停止运行，向周围人员发出示警，把各控制开关置于零位，关闭控制箱内电源开关，并启动安全停靠装置。然后通知专业维修人员，交由专业维修人员对物料提升机进行维修。专业维修人员到达前，司机不得离开现场。

5.3 物料提升机的维护保养

5.3.1 维护保养的意义

为了使物料提升机经常处于完好状态和高效率的安全运转状态，避免和消除物料提升机在运转工作中可能出现故障，提高物料提升机的使用寿命，必须及时正确地做好物料提升机的保养工作。

（1）物料提升机工作状态中，经常遭受风吹雨打、日晒的侵蚀，灰尘、砂土经常会落到机械各部分，如不及时清除和保养，将会侵蚀机械，使其寿命缩短。

（2）在物料提升机运转过程中，各工作机构润滑部位的润滑油及润滑脂会自然损耗后流失，如不及时补充，将会加重机械的磨损。

(3) 物料提升机机械经过一段时间的使用后，各相互运转机件会自然磨损，各运转零件的配合间隙会发生变化，如果不及时进行保养和调整，各互相运动的机件磨损就会加快，甚至导致运动机件的完全损坏。

(4) 机械在运转过程中，如果各工作机构的运转情况不正常，又得不到及时的保养和调整，将会导致工作机构完全损坏，大大降低塔机的使用寿命。

(5) 应当对物料提升机经常进行检查、维护和保养，传动部分应有足够的润滑油，对易损件必须经常检查、及时维修或更换，对机构螺栓特别是经常振动的如架体、附着等连接螺栓应经常进行检查，如有松动必须及时紧固或更换。

5.3.2 维护保养的内容

(1) 日常维护保养

每班开始工作前，应当进行检查和维护保养，包括目测检查和功能测试，日常检查应注意以下几点：

1) 应按使用说明书的有关规定，对提升机的各润滑部位，注油或润滑脂。在无说明书时，可按序检查各有相对运动的部位，酌情加注润滑油（脂）。主要润滑点有：卷筒支承轴承、制动器推杆铰销、吊笼导靴（导轮）、各滑轮的轴承、停靠装置手柄和搁脚、弹闸式安全装置的弹闸、楔块抱闸式安全装置的弹簧滑槽。

2) 对吊笼导靴涂抹油脂及楔块抱闸式安全装置注油应适量控制，不得使闸块摩擦面沾油，如检查沾有油污应及时清理干净。

3) 钢丝绳应始终保持良好的润滑状态，如缺油可酌情涂抹润滑脂。涂抹应在专用槽道里进行，严禁在卷扬机运转时直接用手涂抹。

4）新卷扬机在首次使用时应注意减速机的磨合，磨合周期应符合说明书要求。磨合后的减速机应立即更换润滑油，如磨屑过多则应清洗后注入新润滑油。

5）检查制动器的闸块间隙，如过大或过小应及时调整；联轴器的弹性套失效时应及时更换。

6）物料提升机处于工作状态时不得进行保养工作，进行保养时应将所有开关置于零位，切断主电源。

(2）定期维护保养

定期维护保养的内容和间隔时间可参照表 5-5。

定期维护保养检查表 表 5-5

序号	间隔时间	部位	内容	结果
1	每周一次	钢丝绳	检查钢丝绳的磨损和断丝情况，若磨损严重或有断丝应及时予以更换；检查钢丝绳是否脱离绳槽	
		标志	检查警示标志和限制载荷标志是否完整、有效	
		销轴	检查各销轴连接处销是否完好、可靠	
		导靴（导轮）	连接螺栓是否拧紧；导轮是否转动灵活；导靴是否过分磨损	
		制动器	制动器是否能可靠地制动，制动摩擦片磨损是否超标；吊笼在额定载荷下降时，制动距离是否符合要求	
		卷筒轴	检查卷筒轴磨损情况，润滑卷筒轴	
		滑轮、滑轮轴	检查滑轮、滑轮轴润滑情况，润滑轴接触面	
		防断绳保护装置和安全停靠装置	润滑轴接触面，清洗一次	

续表

序号	间隔时间	部 位	内 容	结果
1	每周一次	钢丝绳	润滑表面	
		电气系统	检查各接线柱及接触器等连接有无松脱	
		减速机	润滑油有无泄漏，检查减速箱油位，必要时加注润滑油	
		对重	对重导向轮转动灵活；导靴无严重磨损	
		围栏安全门	检查有否损伤变形，润滑导靴表面或门轴	
		导轨	润滑接触表面	
2	每月一次	每周检查项目	内容同上	
		架体	所有杆件、标准节接头处螺栓拧紧	
		附墙架	所有附墙架的扣件有效、螺栓拧紧	
		钢丝绳固定	确保钢丝绳绳端固定、安全、可靠	
		吊笼上的导向滚轮	润滑轴承	
		吊笼安全门轴、滑道	润滑表面	
		限位，限位开关及碰块	检查开关动作是否灵活，各碰块是否移动位置	
3	每年一次	每月检查项目	内容同上	
		导靴（导轮）	检查吊笼导向滚轮的磨损情况以及滚珠轴承可能有的游隙，将导向滚轮和标准节架体立柱之间的间隙调整到适当大小	

续表

序号	间隔时间	部 位	内 容	结果
3	每年一次	断绳和停层保护器	进行断绳和停层试验,并是否有效及制动是否灵活	
		联轴器橡胶块	检查橡胶块挤压及磨损情况	
		腐蚀损伤和磨损	检查整个设备,对于可能腐蚀、磨损的部件和承重部件采取必要措施	

5.3.3 维护保养的方法

维护保养一般采用清洁、紧固、调整、润滑和防腐,通常称为"十字作业法"。

(1) 清洁。清洁就是要求机械各部位保持无油泥、污垢、尘土,要按规定时间检查清洗,减少运动零件的磨损。

(2) 紧固。紧固就是要对机体各部的连接件及时检查紧固。机械运转中产生的振动,容易使连接件松动,如不及时紧固,不仅可能产生漏油、漏电等,有些关键部位的螺栓松动,轻者导致零件变形,重者会出现零件断裂、分离,导致操纵失灵而造成机械事故。

(3) 调整。调整就是对机械众多零件的相对关系和工作参数如间隙、行程、角度、压力、松紧和速度等及时进行检查调整,以保证机械的正常运行。尤其是对关键机构如制动器、减速机和各类滚轮等的灵活可靠性,要调整适当,防止事故发生。

(4) 润滑。润滑就是按照规定要求,选用并定期加注或更换润滑油,以保持机械运动零件间的良好运动,减少零件磨损,保证机械正常运转。润滑是机械保养中极为重要的作业内容。

(5) 防腐。防腐就是要做到防潮、防锈、防酸，防止腐蚀机械零部件和电气设备。尤其是机械外表必须进行补漆或涂上油脂等防腐涂料。

5.3.4 主要部件的维护保养

(1) 导靴装置的维护保养

导靴装置除了引导吊笼保持轴向运动之外还对吊笼在 X 向和 Y 向起控制作用。因此要经常检查其润滑情况，是否滚动（滑动）正常，导靴与导轨架立柱管的间隙是否符合规定值，紧固螺栓有无松动，及导靴的磨损程度等。

图 5-2 导向滚轮磨损测量示意图

以某滚轮式导靴物料提升机为例，说明导靴装置的磨损程度测量和间隙调整方法。

1) 磨损极限和磨损量的测量

测量方法如图 5-2 所示，滚轮最大磨损量要求见表 5-6。

滚轮磨耗测量表　　　　　表 5-6

标准节立柱管外径	测量	新滚轮	滚轮最大磨损
φ76	A	74mm	最小 69mm
	B	φ75.5	最小 φ73
	C	R38.5	最小 R38，最大 R42
φ89	A	78mm	最小 73mm
	B	φ84	最小 φ81.5
	C	R45	最小 R44.5，最大 R48.5

2) 导向滚轮装置的调整

如图 5-3 所示,为一导向滚轮装置。

①在吊笼空载情况下,转动导向滚轮偏心轴进行调整。

②侧滚轮的调整,一定要成对调整导轨架立柱管两侧的对应导向滚轮。转动滚轮的偏心使侧滚轮与导轨架立柱管之间的间隙为 0.5mm 左右,调整合适后用 200N·m 力矩将其连接螺栓紧固。

图 5-3 滚轮的调整

1—正压轮;2—导轨架;3—侧滚轮

(2) 闸瓦(块式)制动器的维修与保养

块式电磁制动器是卷扬机中最常用制动器,如图 5-4 所示。

1) 闸瓦制动器的维护与保养

①制动时,闸瓦应紧密地贴合在制动轮的工作表面;松闸时,两侧闸瓦与制动轮表面之间间隙应在 0.5～1.0mm 之间,并在整个接触面上、下间隙应均匀,达不到要求时应及时进行调整。

②对制动闸瓦工作表面应经常进行清理,使之保持干燥。

③制动瓦固定铆钉必须沉入沉头座中,不允许露头和制动轮接触,铆钉镶入制动瓦的深度应达到制动衬料厚度的 1/2～3/5。

④制动轮与制动衬料的接触面积不能低于 80%。

⑤制动闸瓦磨损过甚而使铆钉露头,或闸瓦磨损量超过原厚

图 5-4 电磁推杆瓦块式制动器
(a) 制动器示意图；(b) 制动器与衔铁图片

度 1/3 时，应及时更换，边缘部分磨损厚度不应超过原厚度 2/3。

⑥对制动器各销轴处用机油进行充分的润滑，加油时如果油溅到闸瓦和制动轮上，应及时擦净。

⑦制动器芯轴磨损量超过标准直径 5% 和椭圆度超过 0.5mm 时应更换芯轴。

⑧杆系弯曲时应校直，有裂纹时应更换，弹簧弹力不足或有裂纹时应更换。

⑨各铰链处有卡滞及磨损现象应及时调整和更换，各处紧固螺钉松动时及时紧固。

⑩制动臂与制动块的连接松紧度不符合要求时，应及时调整。

2) 闸瓦制动器的调整

制动器在使用过程中，应按规定经常进行调整，保证提升机各机构的动作准确和安全。制动器的调整主要包括调整电磁铁冲程、调节主弹簧长度、调整瓦块与制动轮间隙三方面。

①调整电磁铁冲程，如图5-5所示。先用扳手旋松锁紧的小螺母，然后用扳手夹紧螺母，用另一扳手转动推杆的方头，使推杆前进或后退。前进时顶起衔铁，冲程增大；后退时衔铁下落，冲程减小。

②调节主弹簧长度，如图5-6所示。先用扳手夹紧推杆的外端方头和旋松螺母的锁紧螺母，然后旋松或夹住调整螺母，转动推杆的方头，因螺母的轴向移动改变了主弹簧的工作长度，随着弹簧的伸长或缩短，制动力矩随之减小或增大，调整完毕后，把右面锁紧螺母旋回锁紧，以防松动。

图5-5 电磁制动器的冲程调节　　图5-6 电磁制动器的制动力矩调节

③调整瓦块与制动轮间隙，如图5-7所示。把衔铁推压在铁心上，使制动器松开，然后调整背帽螺母，使左右瓦块制动轮间隙相等。

图5-7 电磁制动器瓦块与制动轮间隙调节

（3）减速机的维护保养

1）箱体内的油量应保持在油针或油镜的标定范围，油的规格应符合要求。

2）润滑部位，应按规定

用润滑油脂进行润滑或定期拧紧油盅盖。一般一个月应加油一次。

3) 应保证箱体内润滑油的清洁,当发现杂质明显时,应换新油。对新使用的减速机,在使用一周后,应清洗减速机并更换新油液。以后每年应清洗和更换新油。

4) 轴承的温升不应高于60℃;箱体内的油液温升不超过60℃,否则应停机检查原因。

5) 当轴承在工作中出现撞击、摩擦等不正常噪声,并通过调整也无法排除时,应考虑更换轴承。

(4) 曳引机曳引轮的维护保养

1) 应保证曳引轮绳槽的清洁,不允许在绳槽中加油润滑。

2) 应使各绳槽的磨损一致。当发现槽间的磨损深度差距最大达到曳引绳直径的1/10以上时,要修理车削至深度一致,或更换轮缘,如图5-8所示。

3) 对于带切口半圆槽,当绳槽磨损至切口深度少于2mm时,应重新车削绳槽,但经修理车削后切口下面的轮缘厚度应大于曳引绳直径d_0,如图5-9所示。

图5-8 绳槽磨损差

图5-9 最小轮缘厚度

(5) 电动机的保养

1) 应保证电动机各部分的清洁,不应让水或油浸入电动机内部。应经常吹净电动机内部和换向器、电刷等部分的灰尘。

2) 对使用滑动轴承的电动机,应注意油槽内的油量是否达到油线,同时应保持油的清洁。

3) 当电动机转子轴承磨损过大,出现电动机运转不平稳,噪声增大时,应更换轴承。

4) 每季度应检查一次直流测速发电机,如碳刷磨损严重,应予更换,并清除电机内碳屑,在轴承处加注润滑脂。

(6) 断绳保护和安全停靠装置的维护保养

对楔块式保护装置来讲,当长时间使用物料提升机后,断绳保护和安全停靠装置的制动块会磨损,当制动块磨损不甚严重时,可不更换制动块,直接在吊笼上用工具调节弹簧的预紧力,使制动状态时制动块制动灵敏,非制动状态时两制动块离开标准节导轨。

当制动块磨损严重时,应当将断绳保护和安全停靠装置从吊笼上拆下,更换制动块,如图 5-10 所示。

图 5-10 防断绳保护装置示意图

1—托架;2—制动滑块;3—导轮;4—导轮架;5—调节螺钉;
6—压缩弹簧;7—内六角螺钉;8—防坠器连接架;9—圆螺母

1) 将钢丝绳楔形接头的销轴拔出,卸防坠连接架 8 的连接螺栓,将断绳保护和安全停靠装置从吊笼托架上取下。

2）将内六角螺钉 7 松开取下，卸下旧制动块更换上新的制动块，然后将更换好制动块的保护器再按装在吊笼托架上。

3）调整制动滑块弹簧 6 的预紧力。通过旋动调节螺钉 5，使制动滑块既不与导轨碰擦卡阻，又要使停层制动和断绳制动灵敏正常。

4）在制动块的滑槽内加入适量的油脂，起到润滑和防锈作用。

5）清洁制动滑块的齿槽摩擦面。

（7）钢丝绳的维护和保养

钢丝绳是物料提升机的重要部件之一，工作时弯曲次数频繁，由于提升机经常起动、制动及偶然急停等情况，钢丝绳不但要承受静载荷，同时还要承受动载荷。在日常使用中，要加强维护和保养以确保钢丝绳的正常功能，保证使用安全。

钢丝绳的维护保养，应根据钢丝绳的用途、工作环境和种类而定。在可能的情况下，应对钢丝绳进行适时清洗并涂以润滑油或润滑脂，以降低钢丝之间的摩擦损耗，同时保持表面不锈蚀。钢丝绳的润滑应根据生产厂家的要求进行，润滑油或润滑脂应根据生产厂家的说明书选用。

钢丝绳内原有油浸麻芯或其他油浸绳芯，使用时油逐渐外渗，一般不须在表面涂油，如果使用日久和使用场合条件较差，有腐蚀气体，温湿度高，则容易引起钢丝绳锈蚀腐烂，必须定时上油。但油质宜薄，用量不可太多，使润滑油在钢丝绳表面能有渗透进绳芯的能力即可。如果润滑过度，将会造成摩擦系数显著下降而产生在滑轮中打滑现象。

润滑前，应将钢丝绳表面上积存的污垢和铁锈清除干净，最好是用镀锌钢丝刷清刷。钢丝绳表面越干净，润滑油脂就越容易渗透到钢丝绳内部去，润滑效果就越好。

钢丝绳润滑的方法有刷涂法和浸涂法。刷涂法就是人工使用专用的刷子,把加热的润滑脂涂刷在钢丝绳的表面上。浸涂法就是将润滑脂加热到60℃,然后使钢丝绳通过一组导辊装置被张紧,同时使之缓慢地在容器里的熔融润滑脂中通过。

5.4 物料提升机常见故障的判断与处置

物料提升机使用中会出现一些异常现象,司机必须首先判别故障原因,然后再进行排除或维修。

5.4.1 物料提升机常见故障的判断和处置方法

物料提升机常见故障的判断和处置方法可参照表5-7。

物料提升机常见故障的判断和处置方法　　　　表5-7

序号	故障现象	故障分析	处置方法
1	总电源合闸即跳	电路内部损伤,短路或相线接地	查明原因,修复线路
2	电压正常,但主交流接触器不吸合	限位开关未复位	限位开关复位
		相序接错	正确接线
		电气元件损坏或线路开路断路	更换电气元件或修复线路
3	操作按钮置于上、下运行位置,但交流接触器不动作	限位开关未复位	限位开关复位
		操作按钮线路断路	修复操作按钮线路
4	电机启动困难,并有异常响声	卷扬机制动器没调好或线圈损坏制动器没有打开	调整制动器间隙,更换电磁线圈
		严重超载	减少吊笼载荷
		电动机缺相	正确接线

续表

序号	故障现象	故障分析	处置方法
5	上下限位开关不起作用	上、下限位损坏	更换限位
		限位架和限位碰块移位	恢复限位架和限位位置
		交流接触器触点粘连	修复或更换接触器
6	交流接触器释放时有延时现象	交流接触器复位受阻或粘连	修复或更换接触器
7	电路正常,但操作时有时动作正常,有时动作不正常	线路接触不好或虚接	修复线路
		制动器未彻底分离	调整制动器间隙
8	吊笼不能正常起升	供电电压低于380V或供电阻抗过大	暂停作业,恢复供电电压至380V
		冬季减速箱润滑油太稠太多	更换润滑油
		制动器未彻底分离	调整制动器间隙
		超载或超高	减少吊笼载荷,下降吊笼
		停靠装置插销伸出挂在架体上	恢复插销位置
	吊笼不能正常下降	断绳保护装置误动作	修复断绳保护装置
		摩擦副损坏	更换摩擦副
9	制动器失效	制动器各运动部件调整不到位	修复或更换制动器
		机构损坏,使运动受阻	修复或更换制动器
		电气线路损坏	修复电气线路
		制动衬料或制动轮磨损严重,制动衬料或制动块连接铆钉露头	更换制动衬料或制动轮

续表

序号	故障现象	故障分析	处置方法
10	制动器制动力矩不足	制动衬料和制动轮之间有油垢	清理油垢
		制动弹簧过松	更换弹簧
		活动铰链处有卡滞地方或有磨损过甚的零件	更换失效零件
		锁紧螺母松动,引起调整用的横杆松脱	紧固锁紧螺母
		制动衬料与制动轮之间的间隙过大	调整制动衬料与制动轮之间的间隙
11	制动器制动轮温度过高,制动块冒烟	制动轮径向跳动严重超差	修复制动轮与轴的配合
		制动弹簧过紧,电磁松闸器存在故障而不能松闸或松闸不到位	调整松紧螺母
		制动器机件磨损,造成制动衬料与制动轮之间位置错误	更换制动器机件
		铰链卡死	修复
12	制动器制动臂不能张开	制动弹簧过紧,造成制动力矩过大	调整松紧螺母
		电源电压低或电气线路出现故障	恢复供电电压至380V,修复电气线路
		制动块和制动轮之间有污垢而形成粘边现象	清理污垢
		衔铁之间连接定位件损坏或位置变化,造成衔铁运动受阻,推不开制动弹簧	更换连接定位件或调整位置
		电磁铁衔铁芯之间间隙过大,造成吸力不足	调整电磁铁衔铁芯之间间隙

续表

序号	故障现象	故障分析	处置方法
12	制动器制动臂不能张开	电磁铁衔铁芯之间间隙过小,造成铁芯吸合行程过小,不能打开制动	调整电磁铁衔铁芯之间间隙
		制动器活动构件有卡滞现象	修复活动构件
13	制动器电磁铁合闸时间迟缓	继电器常开触点有粘连现象	更换触点
		卷扬机制动器没有调好	调整制动器
14	吊笼停靠时有下滑现象	卷扬机制动器摩擦片磨损过大	更换摩擦片
		卷扬机制动器摩擦片、制动轮沾油	清理油垢
15	正常动作时断绳保护装置动作	制动块(钳)压得太紧	调整制动块滑动间隙
16	吊笼运行时有抖动现象	导轨上有杂物	清除杂物
		导向滚轮(导靴)和导轨间隙过大	调整间隙

5.4.2 物料提升机的维修

物料提升机的维修应注意以下事项:

(1) 更换零部件时,必须与原零部件的材质、性能相同,并应符合设计与制造标准;严禁擅自改变尺寸和结构。

(2) 维修钢结构件时,材料、焊条、焊缝等质量,应符合原设计要求。

(3) 维修提升机架体顶部时,应搭设上人平台,并符合现行行业标准《建筑施工高处作业安全技术规范》(JGJ 80)的有关规定。

(4) 物料提升机维修时，应将所有开关置于零位，切断电源；在电源箱处挂好"禁止合闸"标志，挂牌维修区应有专人负责，必须时设专人监护。严禁带电作业或采用预约停、送电时间方式进行维修。

(5) 维修后的物料提升机，应进行试运转，确认一切正常后方可投入使用。

6 物料提升机常见事故隐患与案例

6.1 物料提升机常见事故隐患

6.1.1 安装和拆卸常见事故隐患

(1) 缆风绳的数量不符合要求,端部固定不规范,绳夹的数量、间距、方向及安全段的设置不符合规定。

(2) 提升钢丝绳拖地,无保护措施。

(3) 底部导向滑轮采用了拉板式开口滑轮,影响根部连接强度。

(4) 卷筒和滑轮的防钢丝绳脱槽装置不设置或不符合要求。

(5) 进料防护棚不符合搭设要求,甚至不搭设。

(6) 架体或附墙架直接与脚手架连接。

(7) 基础处理不当,如混凝土强度、厚度、表面平整度不符合要求,预埋件布置不正确,影响了架体的垂直度和连接强度。

(8) 提升机的金属结构及电气设备的金属外壳接地不规范甚至不接地。

(9) 安全装置安装不符合要求,如上极限限位的越程小于3m,安全停靠装置和防坠安全装置不进行调试,安装后失灵。

(10) 摇臂把杆安装不规范,如未设保险绳和超高限位等。

(11) 拆卸不按规定顺序进行,不设危险警示区。

（12）内置式井架架体与层楼通道接口处，开口后不进行必要的加强，影响整体稳定。

（13）楼层通道不安装安全门或安全门残缺不全、设置不规范。

（14）在电气控制箱（盒）内，未按规定设置急停开关；当出现意外时，无法及时切断电源。

（15）上料防护棚搭设不规范，或未设置底层的三面安全围护及安全门。

（16）限载标志、警示标牌未按规定设置。

6.1.2 使用和管理常见事故隐患

（1）提升卷扬机的制动块磨损严重，未及时更换，易发生吊笼下坠。

（2）联轴器的弹性圈磨损严重，不及时更换。

（3）吊笼安全门缺损或不可靠，底板破损，造成物料空中坠落伤人。

（4）断绳保护装置和导轨清洁不及时，油污积聚导致防坠安全装置失灵。

（5）通信装置失灵或不正确使用，导致司机和各楼层联系不畅。

（6）安装后，未经正式验收合格即投入使用。

（7）司机未经专门培训，无证上岗操作，不坚持班前检查和例行保养。

（8）违规超载，载荷偏置，物件超长。

（9）摇臂把杆使用不当。

（10）吊笼载人运行。

（11）闲杂人员违规进入底层防护栏内，进入吊笼下方。

6.2 物料提升机事故案例

6.2.1 使用不合格物料提升机吊笼坠落事故

（1）事故经过

某建筑工程项目经理安排工人在物料提升机拆除之前，使用物料提升机进行落水管安装。当晚，5名作业人员加班，4人安装落水管，1人无操作证操作物料提升机。4名作业人员从第17层处进入物料提升机吊笼开始安装落水管，当安装到第12层（距地面32m）时，他们边安装边让物料提升机操作人员将吊笼再提升一点，当司机提升吊笼过程中，提升钢丝绳脱槽，被拉断。该提升机无断绳保护装置，当钢丝绳被拉断后，吊笼随即坠落地面。吊笼内作业的4名人员随吊笼一同坠落地面，造成3人死亡，1人重伤。

（2）事故原因

1）物料提升机禁止吊笼内载人作业，是《龙门架及井架物料提升机安全技术规范》（JGJ 88—92）中严令禁止的。而该项目经理违章指挥，安排作业人员进入提升机吊笼内进行作业。

2）按照《井架及龙门架物料提升机安全技术规范》（JGJ 88—92）的规定，物料提升机必须有设计方案、图纸、计算书，并有合格证。本案的物料提升机由施工企业自己制作，既不按规范进行设计和绘制施工图，又无断绳保护等安全装置，当钢丝绳被拉断后，吊笼随即坠落地面。

3）物料提升机安装不合格，导致钢丝绳与滑轮磨损，造成轮缘破损；运行中钢丝绳脱槽，被拉断。

4）施工单位管理混乱，设备管理制度不健全，安装后未验收，使用中未检查维修。

5）物料提升机司机属特种作业人员，应按规定持特种作业操作资格证书上岗，而此案中操作人员未经培训，无证上岗，冒险蛮干。

（3）预防措施

1）施工单位主要负责人和项目负责人应加强有关安全生产法律法规和技术规范的学习，提高法制观念，防止出现违章指挥现象。

2）施工单位在选用物料提升机等起重机械设备时应查验制造许可证、产品合格证、制造监督检验证明、产权备案证明，技术资料不齐全的不得使用。

3）施工单位应加强起重机械管理，起重机械安装前制定方案，安装过程严格按方案规定的工艺和顺序进行安装作业，安装完毕按规定进行调试、检验和验收。

4）特种作业人员必须接受专门安全技术培训，考核合格后持证上岗。

6.2.2　违章操作致使物料提升机吊笼坠落事故

（1）事故经过

某建筑工地发生了一起卷扬提升机吊笼坠落致 2 人当场摔死的恶性事故。该工地正在施工的是一栋主楼 7 层、局部 10 层的建筑工程，主体已经完工，准备迎接验收。项目经理徐某安排工人当晚加班清扫 6 层楼面，用物料提升机运送废料，因物料提升机司机吴某家中有事不愿加夜班，施工队长临时指派无证人员李某顶班。当晚 19 时 40 分左右，李某在操作时发现，吊笼在下降过程中卡在 6 层与 5 层之间，于是又使吊笼提升，吊笼还是不能动,卡在半空。木工班班长黄某和机修工王某听到召唤后随即带着橛杠由6层运料平台爬到提升机吊笼内检修,发现吊笼导轮已滑出轨道,2人用橛杠将吊笼拨回轨道,随后乘吊笼下来。吊笼下降近2m又被卡住,在吊笼内的黄某便让司机提升吊笼,此时提升钢丝绳突然断裂,黄、王二人随吊笼一同坠落地面,当场死亡。

(2) 事故原因

根据当事人、目击者的口述和对事故现场的勘测发现,卷扬机钢丝绳已被理顺,断头距卷扬机约3m。断头是分股断裂的,第一股断头距第二股断头70cm左右,后边几股依次断裂,断头两端有2m多长的挤压和摩擦伤痕。据测算,吊笼坠落时,钢丝绳断头在卷扬机卷筒处,卷筒外缘及底座有明显的钢丝绳环绕摩擦痕迹。根据分析,造成此次事故的原因如下:

1) 物料提升机设备存在缺陷

①卷扬机卷筒未设防脱绳装置。吊笼在下降过程中被卡在轨道上,等到司机发现吊笼不动,关停卷扬机时,已多放出2m多长的钢丝绳,由于卷扬机卷筒未设防脱绳装置,致使钢丝绳脱出卷筒,绕在了卷扬机的底座上,吊笼因此放不下也提不起。由于司机反复进行提升和下降操作,钢丝绳被反复收紧,在卷筒边缘处受到挤压和剪切双重破坏,最终被扯断。

②断绳保护装置失效。在提升钢丝绳断裂、吊笼坠落时,断绳保护装置的插销因失修锈蚀未能在弹簧力作用下插到井架的横挡上阻止吊笼下滑。

2) 违章作业、违章指挥

①操作人员李某是临时顶班人员,没有经过专门培训,不懂物料提升机安全操作规程。发现吊笼不能下降,在未弄清故障原因的情况下,随意改为提升吊笼操作。

②黄某、王某对吊笼脱轨故障进行维修,属高处作业,未按

规定系安全带，进入吊笼前又未操作安全停靠装置，对吊笼采取防坠落保护措施。吊笼拨回轨道后，违反规定乘坐吊笼下降。

③黄某、王某违章指挥。吊笼下滑一段距离后停止运动，黄某、王某在没有查清原因的情况下，违章指挥司机进行提升操作。

3) 预防措施

①加强对项目负责人、特种作业人员的安全教育，严格遵守特种作业人员持证上岗的规定，杜绝违章指挥、违章作业。

②卷筒防脱绳装置、断绳保护装置等安全装置，是保护施工作业人员和施工设备安全的重要装置，一定要齐全、有效。

③夜间作业，应设有足够的照明，使司机能看清起重机械的运行情况。

6.2.3 违章指挥致使物料提升机倾倒事故

(1) 事故经过

某七层砖混多层建筑工程项目经理安排架工搭设井架式物料提升机，在既没有施工方案，也未向作业人员进行详细交底、架工又无特种作业操作资格证的情况下便开始作业。第一天，搭设到高度 22.5m，仅在 18m 处对角设置了一道缆风绳（直径为 6.5mm 的钢丝绳）。第二天因天气变化，风力达 7 级，操作人员提出风太大不好干，但项目经理坚持一定要搭完。当井架组装到第 18 节（高度为 27m）时，物料提升机架体整体倾倒在在建建筑物楼面上，缆风绳被拉断，除造成井架上作业的 3 名人员死亡外，还造成楼面作业的 1 名工人死亡。

(2) 事故原因

1) 物料提升机缆风绳不符合规定。《龙门架及井架物料提升机安全技术规范》(JGJ 88—92) 规定物料提升机缆风绳应采用直径不小于 9.3mm 的钢丝绳及每组缆风绳均应设置不少于 4 根。而该井架缆风绳仅采用了直径为 6.5mm 的钢丝绳，因此，其抗破断拉力尚达不到规定的二分之一，不能承受较大的风力；同时，规定每组 4 根，而该井架只在一对角设置 2 根，当风向从另一对角刮来时，井架便失稳倒塌。

2）井架安装不符合规定。井架安装过程中组装架体没有采取临时固定措施，而仅仅依靠缆风绳，不能确保安装过程中的稳定性。该井架原只在 18m 高度处拴了缆风绳，当井架安装到第 18 节时高度已达 27m，过大的悬臂且 18m 处并非采用了附墙架刚性固定，而是缆风绳弹性连接，因此造成悬臂处弯矩加大，并向下部延伸，破坏了井架的整体稳定性。而且井架安装未与基础预埋钢筋连接，当井架上部倾斜出现水平力时，底部不能抵抗倾覆力矩。

3）在物料提升机搭设前，未按规定编制专项施工方案，作业前又未向作业人员进行安全技术交底，讲明安装程序和应采取的稳定措施，致使安装过程违反规定造成架体失稳。

4）该工程项目经理在施工无安装方案、作业无交底，且风力已达 7 级的情况下，仍违章指挥强令进行高处作业，一味追求进度而忽视安全措施。

5）作业人员未经专门的安全技术培训，无证岗证。

（3）预防措施

1）施工单位的管理人员和作业人员要认真学习安全生产法律法规、规范标准，提高自身安全素质，防范安全事故发生。

2）物料提升机的安装属危险性较大的分部分项工程，必须编制专业施工方案，并经审批方可实施。作业前，技术人员要对作业人员进行安全技术交底。

附录 1

钢丝绳可能出现的缺陷的典型示例

注：为了引起重视，许多插图夸张性地显示了损伤状况。像图中示出的这种钢丝绳早就应该报废了。

附图 1　交互捻钢丝绳两相邻绳股中的断丝及钢丝的位移——应报废

附图 2　交互捻钢丝绳大量断丝伴随着严重的磨损——应立即报废

附图 3　同向捻钢丝绳在一股中有断丝，并伴随着轻度的磨损——如果这种情况代表着最严重的缺陷，应继续使用（但断丝应剪去断开端，使钢丝的尾部处在绳股空隙之中，这样就可防止进一步损伤相邻的钢丝）

	磨损 外层钢丝轻度磨平, 绳径略微减小 (丝径减小10%属轻度)	外部磨蚀表面刚开始氧化(轻度)
	各外层钢丝上磨平的长度有所增加(丝径减小15%属中度)	钢丝触摸感觉粗糙,整个表面氧化(中度)
	钢丝上磨平面更长,影响到每股中所有隆起的钢丝。绳的尺寸明显减小(丝径减小25%属重度)。应密切注意其他报废标准	氧化更为明显(重度)
	各钢丝被磨平的面几乎连成一片,绳股轻微变平且钢丝明显变细(丝径减小35%属极重),可以报废。还应仔细观察有无达到其他报废标准。如继续使用,则应增加检验次数	钢丝表面已严重氧化(极重)
	磨平面相互衔接,钢丝变得松弛(丝径估计减小了40%,立即报废)	表面出现深坑,钢丝相当松弛(立即报废)

附图4 交互捻钢丝绳的磨损和外部腐蚀的发展过程举例

附图5 靠近平衡滑轮的局部绳段,若干绳股有断丝
(有时断丝被滑轮挡住)——应报废

附图6 靠近平衡滑轮的局部绳段,在两支绳股上有断丝,同时出现因滑轮卡住而引起的局部严重磨损——应报废

附图7 内部严重锈蚀示例:绳股中许多外层钢丝的面积减小,这些钢丝与绳芯接触,明显地看出挤压严重且绳股的空隙减小——应立即报废

附图8 波浪形钢丝绳的纵向轴线呈螺旋状的一种变形。如果变形超过GB/T 5972—2006中3.5.10.1的规定值,钢丝绳应报废

附图9 多股绳的笼状（乌笼形）畸变——应立即报废

附图10 钢芯挤出，通常伴随着邻近位置的笼状畸变——应立即报废

附图11 虽然对某一段长度的钢丝绳所作的检验表明，变形间距（通常为捻距）尚有规律，但仅在一支绳股中有钢丝挤出

附图12 上述缺陷严重恶化——应立即报废
（打桩机用起重钢丝绳是一典型）

附图13 同向捻钢丝绳直径的局部增大：常由冲击载荷导致的钢芯畸变而引起——应立即报废

附图14 钢丝绳直径的局部增大：是由于纤维芯变质在外层股间突出而引起——应报废

附图15 严重扭结：钢丝绳搓捻过紧而引起纤维芯的突出——应立即报废

附图16　钢丝绳在安装时已遭到扭结但仍装上使用，以致产生局部磨损及钢丝松弛——应报废

附图17　绳径局部减小：由于外层绳股取代了已经散开的纤维绳芯而引起，注意尚有断丝——应立即报废

附图18　部分被压扁：是由于局部被压裂造成绳股间不平衡加之断丝而引起的——应报废

附图19　多股绳的部分被压扁：由于在卷筒上卷绕不当而造成。注意外层绳股的捻距增加的程度，在载荷状态下应力将处于不平衡——应报废

附图20　严重弯折之一例——应报废

附图21 当钢线绳已跳出滑轮绳槽并被楔住的典型示例：已经形成"部分被压扁"形式的变形并有局部磨损和许多断丝——应立即报废

附图22 若干种损坏因素累积的后果：特别注意外层钢丝的严重磨损导致钢丝的松弛，以致笼状畸变正在形成，并有若干处断丝——应立即报废

附录 2

建筑起重机械司机（物料提升机）安全技术考核大纲（试行）

1 安全技术理论

1.1 安全生产基本知识

1.1.1 了解建筑安全生产规律法规和规章制度

1.1.2 熟悉有关特种作业人员的管理制度

1.1.3 掌握从业人员的权利义务和法律责任

1.1.4 熟悉高处作业安全知识

1.1.5 掌握安全防护用品的使用

1.1.6 熟悉安全标志、安全色的基本知识

1.1.7 了解施工现场消防知识

1.1.8 了解现场急救知识

1.1.9 熟悉施工现场安全用电基本知识

1.2 专业基础知识

1.2.1 了解力学基本知识

1.2.2 了解电学基本知识

1.2.3 熟悉机械基础知识

1.3 专业技术理论

1.3.1 了解物料提升机的分类、性能

1.3.2 熟悉物料提升机的基本技术参数

1.3.3 了解力学的基本知识、架体的受力分析
1.3.4 了解钢桁架结构基本知识
1.3.5 熟悉物料提升机技术标准及安全操作规程
1.3.6 熟悉物料提升机基本结构及工作原理
1.3.7 熟悉物料提升机安全装置的调试方法
1.3.8 熟悉物料提升机维护保养常识
1.3.9 了解物料提升机常见事故原因及处置方法

2 安全操作技能

2.1 掌握物料提升机的操作技能
2.2 掌握主要零部件的性能及可靠性的判定
2.3 掌握常见故障的识别、判断
2.4 掌握紧急情况处置方法

附录 3

建筑起重机械司机（物料提升机）安全操作技能考核标准（试行）

1 物料提升机的操作

1.1 考核设备和器具

1.1.1 设备：物料提升机1台，安装高度在10m以上、25m以下；

1.1.2 砝码：在吊笼内均匀放置砝码200kg；

1.1.3 其他器具：哨笛1个，计时器1个。

1.2 考核方法

根据指挥信号操作，每次提升或下降均需连续完成，中途不停。

1.2.1 将吊笼从地面提升至第一停层接料平台处，停止；

1.2.2 从任意一层接料平台处提升至最高停层接料平台处，停止；

1.2.3 从最高停层接料平台处下降至第一停层接料平台处，停止；

1.2.4 从第一停层接料平台处下降至地面。

1.3 考核时间

15min。

1.4 考核评分标准

满分60分。考核评分标准见附表3-1。

考核评分标准　　　　　　　　　　　附表3-1

序号	扣分项目	扣分值
1	启动前，未确认控制开关在零位的	5分
2	启动前，未发出音响信号示意的	5分/次
3	运行到最上层或最下层时，触动上、下限位开关的	5分/次
4	未连续运行，有停顿的	5分/次
5	到规定停层未停止的	5分/次
6	停层超过规定距离±100mm的	10分/次
7	停层超过规定距离±50mm，但不超过±100mm的	5分/次
8	作业后，未将吊笼降到底层的、未将各控制开关拨到零位的、未切断电源的	5分/项

2　故障识别判断

2.1　考核设备和器具

2.1.1　设置安全装置失灵等故障的物料提升机或图示、影像资料；

2.1.2　其他器具：计时器1个。

2.2　考核方法

由考生识别判断物料提升机或图示、影像资料设置的安全装置失灵等故障（对每个考生只设置二种）。

2.3　考核时间

10min。

2.4　考核评分标准

满分10分。在规定时间内正确识别判断的，每项得5分。

3　零部件判废

3.1　考核设备和器具

3.1.1 物料提升机零部件（钢丝绳、滑轮、联轴节或制动器）实物或图示、影像资料（包括达到报废标准和有缺陷的）；

3.1.2 其他器具：计时器1个。

3.2 考核方法

从零部件的实物或图示、影像资料中随机抽取2件（张），判断其是否达到报废标准（缺陷）并说明原因。

3.3 考核时间

10min。

3.4 考核评分标准

满分20分。在规定时间内能正确判断并说明原因的，每项得10分；判断正确但不能准确说明原因的，每项得5分。

4 紧急情况处置

4.1 考核设备和器具

4.1.1 设置电动机制动失灵、突然断电、钢丝绳意外卡住等紧急情况或图示、影像资料；

4.1.2 其他器具：计时器1个。

4.2 考核方法

由考生对电动机制动失灵、突然断电、钢丝绳意外卡住等紧急情况或图示、影像资料中所示的紧急情况进行描述，并口述处置方法。对每个考生设置一种。

4.3 考核时间

10min。

4.4 考核评分标准

满分10分。在规定时间内对存在的问题描述正确并正确叙述处置方法的，得10分；对存在的问题描述正确，但未能正确叙述处置方法的，得5分。

参 考 文 献

[1] 杨可桢,程光蕴,李仲生. 机械设计基础. 第5版. 北京. 高等教育出版社,2006.

[2] 劳动和社会保障部教材办公室. 机械基础. 第4版. 北京. 中国劳动社会保障出版社,2007.

[3] 中华人民共和国行业标准. 龙门架及井架物料提升机安全技术规范 JGJ 88—92. 北京:中国计划出版社,1992.

[4] 中华人民共和国行业标准. 施工现场临时用电安全技术规范 JGJ 46—2005. 北京:中国建筑工业出版社,2005.

[5] 施雯钰. 旋撑制动式物料提升机安全装置:中国,ZL 01 2 46651.4.2005-5-15.